Think Green!
Love Lohas!

자연과 사람을 공경하는
당신이 아름답습니다!

인간과 지구는 함께 살아가는 동반자입니다.
살림로하스는 개인의 건강뿐만 아니라 사회의 건강, 자연의 건강을 추구합니다.
잘 먹고 잘 사는 웰빙을 넘어 인류와 지구를 생각하는 작지만 큰 실천을 담고 있습니다.
지구도 살고 인간도 사는 로하스 라이프!
작은 습관의 변화가 큰 변화를 만들어 냅니다.

| **일러두기** |

1. 먹을거리의 기본은 맛입니다. 몸에 좋은 먹을거리도 맛이 있어야 즐겁습니다.
   살림로하스는 좋은 재료 그 자체의 맛을 살리는 최소한의 레시피로 건강한 맛을 추구합니다.

2. 모든 먹을거리는 믿을 수 있는 재료로 만든 건강한 요리여야 합니다.
   살림로하스의 모든 레시피에는 몸에 좋지 않은 것은 아무것도 넣지 않아 걱정 없이 즐길 수 있습니다.

3. 요리는 즐거워야 합니다. 레시피에 얽매이다 보면 요리가 어렵게 느껴집니다.
   재료 중 준비하기 어려운 것은 비슷한 맛이 나는 것으로 대체하거나 넣지 않아도 괜찮습니다.
   좋아하는 재료를 더 넣어도 좋습니다. 살림로하스의 레시피를 가이드라인으로 삼아
   자기만의 요리 스타일을 살려 보세요. 단 요리 초보자라면 처음에는 레시피대로 하는 것이 좋습니다.

흙, 바다, 바람의 맛을 뿌린

천연조미
상차림

김영빈

살림Life

에코人이 함께 만든 책!
먼저 읽어 봤어요!

김현정 | 서울시 성동구 금호동

정보가 알찹니다. 일반 요리책에서는 천연조미료에 대한 내용들이 추가 정보로 나오지만 이 책은 아주 자세히 나왔어요. 천연조미료 만들기 이상으로 천연조미료를 활용한 요리 레시피도 많고요. 앞으로 천연조미를 이용한 요리가 쉬워질 것 같아요.

오미진 | 경기도 용인시 수지구 상현동

사회생활을 하면서 조미료가 들어간 음식이나 패스트푸드를 먹으면 얼굴에 반점이 부풀어 오르고 가렵다 보니 자연스럽게 슬로푸드로 관심이 가더군요. 이 책은 건강한 요리 정보가 많이 들어 있습니다. 채소 칩을 만들어 두었다 사용한다는 아이디어는 참 좋은 것 같고 저도 따라해 보고 싶네요. 다양한 재료를 이용해 깊은 맛을 낼 수 있는 비법들도 좋습니다.

조미란 | 서울시 강동구 성내동

화학조미료가 몸에 좋지 않다는 것은 누구나 알지만, 맞벌이 부부가 많은 요즘 음식 하나 집에서 해 먹는 것도 힘에 부칩니다. 원고를 보며 우리 몸에 좋은 건강식이란 재료가 본래 가진 흙의 맛, 바다의 맛, 바람의 맛을 살린 음식이란 점을 다시 한 번 느낄 수 있었습니다.

유경옥 | 중구 장충동

각 가루마다의 특색을 살려서 요리명을 지으신 것 같아 호감이 갔습니다. "아~이 천연조미료는 이런 요리와 어울리는구나." 하는 생각이 들었어요. 천연조미료를 만들어 쓰다가 남은 것이 있어 요리에 활용하려면 요리명을 보면 되니까 편리하겠단 생각이 들었습니다.

※「살림로하스」원고 모니터링에 참여해 주신 한살림, 파주두레생협, 마포두레생협 조합원 100여 분께 감사드립니다.

친환경 건강밥상의
마지막 1%를 완성시켜 주는
천연조미료

 어린 시절, 아버지의 퇴근 시간이 되면 어머니는 석유 풍로에 찌개를 올려 보글보글 끓이고, 연탄 아궁이에 양은 밥솥을 올려 누룽지가 생기도록 밥을 짓고, 소금과 참기름으로 간을 한 나물과 무침들을 밥상에 올리곤 했습니다. 온 가족이 둘러앉아 식사를 하면, 콩나물 무침 하나만 있어도 밥 한 그릇 뚝딱 비우곤 했지요.

그런데 요즈음엔 너나 할 것 없이 바쁜 일상을 살게 되면서 가족들이 한자리에 다 같이 모여 식사하는 일조차 어려워졌습니다. 업무로 바쁜 남편과 학교와 학원을 오가는 아이들은 엄마가 만든 밥보다는 외식 메뉴와 패스트푸드에 길들여져 각기 입맛에 맞는 먹을거리로 식사를 대신하곤 합니다. 그러다 보니 맵고 짠 자극적인 맛과 화학조미료의 입맛 당기는 맛에 익숙해져 엄마가 차린 식사는 '뭔가 아쉽고 맛없는 듯' 한 느낌을 갖기도 합니다. 요리를 만들다 보면, 화학조미료가 몸에 좋지 않은 것을 잘 알면서도 가족들의 반찬 투정에 못 이겨 조미료의 유혹에 쉽게 빠지게 마련입니다. 더구나 요리 솜씨가 부족하다면 화학조미료의 강한 맛에 더욱 이끌리게 됩니다.

 가족들에게 몸에 이로운 음식을 만들어 주는 일, 말처럼 쉽지만은 않습니다. 식재료의 유통 과정이 긴 도시에서는 신선한 재료를 구입하는 것부터 녹록치 않으며, 화학조미료를 전혀 사용하지 않고 음식의 맛을 내기는 더욱 어렵습니다.

하지만 가족들이 건강한 '엄마표 밥상'에 길들여지려면 주부들의 부단한 노력이 필요합니다. 시판 양념들의 염분이나 당분은 고농축된 것으로 아주 작은 양만 사용해도 우리가 하루에 먹어야 할 양보다 훨씬 많은 양의 당분과 염분을 흡수하게 되지요. 그러므로 조금 번거롭고 귀찮더라도 자신과 가족들의 건강을 위해 신선한 재료와 좋은 먹을거리로 밥상을 차리는 지혜가 필요합니다.

 집에서 직접 만든 천연 양념은 건강 식탁을 차리는 데 매우 요긴한 맛내기 비법이 될 것입니다. 이 책에는 누구나 쉽게 따라할 수 있도록 주위에서 흔히 보는 재료와 양념들을 사용했습니다. 시간이 있을 때 천연 재료들을 곱게 갈거나 다져서 준비해 두고 요리할 때 이것저것 섞어 사용하다 보면 가족들이 좋아하는 맛을 찾아낼 수 있을 것이라 생각합니다.

이 책을 마주하는 지금부터 찬장이나 냉장고에 있던 화학조미료나 인스턴트 양념들은 한쪽으로 치워 버리고 건강한 상차림을 시도해 보세요. 요리의 맛은 양념과 비법이 아니라 사랑과 정성에서 나온다는 사실을 잊지 마세요.

김 영 빈

한눈에 보는 레시피

● 찜 , 조 림

우엉표고찜+들깨가루 82

달걀찜+새우가루 84

양배추말이두부찜+
말린채소칩 87

꽈리고추생선살찜+콩가루 89

흰콩멸치조림+만능간장 90

굴비찜+레몬청주 91

새송이조림+만능간장 92

두부무채조림+고추씨 95

연근곤약조림+표고가루 96

두부조림+땅콩카레소스 98

● 국 , 찌 개 , 전 골

콩나물국+북어가루 106

미역국+홍합가루 108

멸치시금치된장국+
고추씨가루 109

달걀김국+새우가루 111

버섯순두부탕+들깨가루 112

청경채연두부탕+새우가루 115

두부감자찌개+매운양념장 116

새송이북어찌개+
된장양념장 118

오징어무국+매운양념장 120

버섯육개장+매운양념장 121

Contents
차례

CHAPTER 01

건강을 부르는
천연조미료

건강한 재료로 만든 음식을 인공감미료로 마무리한다면 그 음식은 과연 건강한 음식일까, 아닐까?
건강을 생각해서 무농약, 유기농 먹거리를 찾는 사람들이 늘고 있지만
건강한 음식의 완성은 한 스푼의 조미료에 좌우된다.
가족 건강을 위해 무언가 하고 싶지만 어디에서부터 어떻게 시작해야 할지 막막하다면
조미료부터 천연 재료로 바꾸어 보자.

고소함이 가득한 가루 양념

가루 양념은 한번 만들어 냉동실에 보관해 두면 장기간 사용할 수 있다. 나물 무칠 때, 찌개 끓일 때, 각종 반찬에 자연을 솔솔 뿌려 먹는 재미에 가족의 입맛은 물론 건강까지 챙길 수 있으니 금상첨화.

잣가루

호두나 땅콩보다 철분이 많아 빈혈에 좋다. 인이 많고 칼슘이 적은 산성 식품이라서 해초나 채소 등과 함께 섭취하면 영양상 보충이 된다.

만 들 기 잣 비늘을 깨끗이 제거하고 흐르는 물에 재빨리 씻어 물기를 닦아 낸다. 종이타월이나 갱지 위에 놓고 칼로 곱게 다져 사용한다.

조 리 팁 잣은 다질 때 기름이 많이 나오므로 기름기를 흡수할 수 있는 종이타월이나 갱지를 까는 것이 좋다. 보관할 때도 기름종이나 한지에 싼 후 밀폐용기에 넣도록 한다.

쓰 임 잣가루는 한식을 고급스럽게 만드는 고명으로 적합하다. 너비, 갈비요리, 새우나 편육 등이 들어간 한식 샐러드에 올리면 요리가 고급스러워 보인다. 쌉싸래한 맛의 나물과도 잘 어울리므로 나물 무칠 때 넣거나 각종 죽에 넣어 보자. 겨자 소스에 넣으면 매콤한 맛을 중화시켜 준다.

표고가루

마른 표고버섯은 비타민D와 항암 성분이 함유되어 있다. 섬유질이 풍부하고 칼로리가 낮아 비만과 변비 예방에도 좋다. 한방에서는 신장을 강하게 하는 식품으로 꼽히며 위와 장에 뭉친 독을 풀어 준다고 한다.

만 들 기 표고버섯은 활짝 핀 것보다 봉오리가 동그랗게 오므라져 있는 것이 좋다. 껍질 색이 진하고 표면에 금이 가 있는 것을 골라 손으로 작게 부수어 달군 팬에서 바싹 볶은 다음 분쇄기에 곱게 갈아 사용한다.

조 리 팁 표고의 기둥은 버리지 말고 따로 모아 두었다가 살짝 불려서 된장찌개에 넣거나 장조림을 해 보자.

쓰 임 된장찌개나 채소조림, 볶음, 국 등 다양한 요리에 쓰인다. 특히 국물 요리에 넣으면 고기 육수를 쓴 것보다 국물 맛이 더욱 좋다. 단맛과 향이 강해 약간만 사용해도 된다. 마른 표고버섯을 우리는 것보다는 가루를 내어 넣는 것이 맛이 더 진하다.

호두가루

호두는 몸에 좋은 불포화지방산이 다량 함유되어 있어 콜레스테롤이 혈관에 쌓이는 것을 막아 준다. 비타민E가 풍부해 하루에 1~2개씩 먹으면 노화를 방지하고 치매를 예방한다. 알루미늄 같은 중금속 성분을 중화하는 역할도 한다.

만 들 기 딱딱한 겉 껍질을 벗기고 체에 받쳐 끓는 물에 살짝 데친 뒤 재빨리 헹구어 물기를 없앤다. 아무것도 두르지 않은 팬에 노릇하게 볶은 후 분쇄기에 넣고 곱게 간다. 껍질 벗긴 호두는 산화되기 쉬우므로 냉동 보관한다.

조 리 팁 호두 속 껍질을 안 벗기고 사용하면 쓴맛이 돈다. 그러나 껍질을 벗기려면 손이 많이 가므로 끓는 물에 살짝 데쳐 쓴맛을 제거하고 쓰는 것도 좋다.

쓰 임 된장이나 소금으로 담백하게 무치는 나물요리에 넣으면 고소한 맛이 난다. 또 양념쌈장을 만들 때 참기름이나 들기름 대신 호두가루를 넣으면 고소한 맛과 씹히는 질감이 좋다. 오리엔탈 드레싱이나 과일 드레싱에 넣어도 좋고 샐러드 위에 뿌려 먹어도 좋다.

땅콩가루

불포화지방산이 풍부해 몸속의 콜레스테롤을 배출시키며 비타민E가 풍부해 노화를 방지한다. 하루에 땅콩 10알을 먹으면 비만이나 배탈 걱정 없이 하루 필요한 지방 성분을 섭취할 수 있다. 단 산성식품이므로 채소와 같이 섭취하는 것이 좋다.

만 들 기 팬을 달궈 생땅콩을 볶은 후 껍질을 벗기고 분쇄기에 갈아 사용한다. 껍질 벗긴 땅콩은 산화하기 쉬우므로 냉동 보관한다.

조 리 팁 입자가 씹힐 정도로 다져 샐러드나 무침에 넣어 보자. 쌀알 정도 크기로 다져 죽에 넣어도 좋다. 죽에 넣을 때는 좀더 작게 다진다. 쓰임새에 따라 굵기의 정도를 달리하여 만들어 두면 좋다.

쓰 임 나물이나 샐러드에 뿌려 주거나 올리브오일이나 포도씨오일로 만든 드레싱에 넣으면 고소하다. 콩국수나 냉면, 스프 등에 고명으로 올려도 좋고 양념치킨, 해물볶음 등 소스의 맛이 강한 요리에 곁들여도 좋다. 현미나 찹쌀죽에 넣어 먹으면 고소한 맛이 잘 어울리는 일품요리가 된다.

북어가루

북어는 일반 명태보다 단백질과 아미노산의 함량이 높고 혈중 알코올을 해독하는 속도가 빠르다. 알라닌, 아스파르트산, 글리신 등의 아미노산을 함유하여 간과 시력 보호에 좋다고 알려져 있으며 다른 생선에 비해 지방 함량이 적어 다이어트 식품으로 사랑받고 있다.

만 들 기 겨울에 말린 노랗고 부슬부슬한 더덕북어를 골라 사용한다. 북어 채 한 줌을 적당한 크기로 찢은 후 분쇄기에 넣어 곱게 간다.

조 리 팁 북어는 수분이 거의 없고 무게감이 없어 잘 갈리지 않는다. 분쇄기에 넣기 전에 스프레이로 물을 살짝 뿌려 주면 잘 갈린다.

쓰 임 국, 찌개, 전골 등 국물요리에 넣으면 따로 육수를 낼 필요가 없다. 나물무침을 하거나 해물찜 등에 섞으면 풍미를 더한다. 마늘가루나 생강가루, 고추씨가루와 함께 섞어 보관하면 북어 특유의 비린 맛이 없어진다.

겨자가루

탄수화물, 비타민, 단백질 성분을 고루 함유하고 있다. 소화를 촉진하며 염증을 치료하고 살균 소독 효과가 있다.

만 들 기 겨자씨를 팬에 살짝 볶아 분쇄기에 곱게 간다. 따뜻한 물에 개어 발효시켜 사용한다.

조 리 팁 가루로 만들면 매운맛 성분이 휘발되어 장기보관이 어렵다. 오래 두고 쓰려면 분말 겨자가루를 구입해 사용하는 것이 좋다.

쓰 임 냉면, 어묵탕, 양장피 등의 요리에 쓰인다. 과일이나 해산물이 들어간 샐러드 소스에도 이용하면 좋다.

들깨가루

비타민A, 비타민E가 풍부해 미용에 효과가 있다. 칼슘, 철분 성분도 많아 영양식을 만들 때 넣으면 좋다. 한방에서는 기운이 떨어졌을 때 기운을 돋우어 주고 잃어 버린 입맛을 돋우어 줄 때 사용한다.

만 들 기 물에 씻어 돌을 골라내고 체에 밭쳐 물기를 뺀 후 달군 팬에 중간 불로 볶는다. 통통하게 부풀어 오르면서 고소한 향이 날 때까지 볶으면 된다. 볶은 들깨는 분쇄기에 넣고 2회 정도 곱게 간 후 체에 거른다.

조 리 팁 들깨즙을 만들어 사용하려면 들깨 1컵을 깨끗이 씻어 물기를 빼고 물 3컵과 함께 믹서에 갈아 밭친다. 찌꺼기는 버리고 고소하고 뽀얀 즙만 사용한다.

쓰 임 나물을 이용한 무침, 볶음·조림, 전골·찌개 요리에 넣으면 고소한 향과 맛이 요리에 배어 풍미를 돋우어 준다. 특히 고구마줄기나 우엉, 토란줄기같이 섬유질이 많은 채소에 들깨즙을 넣어 요리하면 질기지 않고 소화가 잘 된다. 추어탕이나 부대찌개에 넣으면 느끼한 맛과 비린내를 없애 준다.

생강가루

생강에는 디아스타제와 단백질 분해 효소가 들어 있어 육류 등의 소화를 돕는다. 한방에서는 가래를 없애고 기를 내리며 구토를 그치게 하고 풍한과 종기를 제거함과 동시에 천식을 다스리는 약재로 사용한다. 생강의 향미 성분은 식욕을 좋게 한다.

만 들 기 생강은 껍질에 상처가 없고 표면이 매끄러운 것으로 골라 껍질을 벗기고 적당한 크기로 썰어 찜통에 넣고 찐다. 그런 다음 채반에 널어 바싹 말린 후 분쇄기에 갈아 가루를 낸다.

조 리 팁 생강을 갈아 음식에 넣고 오래 끓이면 쓴맛이 나는데 말린 가루를 넣으면 산뜻한 향이 난다.

쓰 임 고기나 해산물을 재울 때 넣거나 나물무침이나 국, 찌개에 넣으면 산뜻한 맛이 난다. 매작과나 약과, 떡 등 한과를 만드는 데 자주 쓰인다.

콩가루

콩에는 단백질뿐만 아니라 비타민B군이 많이 들어 있다. 콩가루의 이소플라본은 여성의 갱년기 증상을 완화시키며 콩에 들어 있는 풍부한 불포화지방산은 혈중 콜레스테롤 수치를 줄여 혈관을 튼튼하게 한다. 콩의 사포닌 성분은 항암 작용이나 면역 기능에 좋다고 알려져 있다.

만 들 기 생콩가루는 콩을 깨끗이 씻어 일어서 돌과 벌레 먹은 것을 골라 내고 체에 밭쳐 씻어 물기를 뺀 후 분쇄기에 간다. 볶은 콩가루는 콩을 잘 씻어 아무것도 두르지 않은 팬에 노릇하게 볶은 후 믹서기에 넣어 곱게 간다.

쓰 임 수제비나 빵반죽에 날콩가루를 넣으면 반죽이 훨씬 쫄깃하고 탄력이 있다. 김치찌개나 된장찌개에 두부 대신 콩가루를 넣으면 맛이 좋다. 날콩가루로 무친 봄나물을 넣고 된장국을 끓이면 봄 별미로 제격이다. 칼국수나 수제비 반죽에 넣으면 고소한 맛이 살아난다. 볶은 콩가루는 여름철 미숫가루나 콩국수를 만들어 먹으면 충분한 한 끼 식사가 된다.

발아현미가루

현미가 백미보다 영양이 풍부하다는 것은 누구나 아는 사실이다. 특히 발아현미는 소화가 되지 않는 피틴산을 인과 이노시톨로 바꾸어 주어 소화에도 좋다. 발아 시 비타민, 아미노산, 효소 등의 새로운 성분이 생겨 자연 치유력을 높이고 성인병 해소와 비만 방지, 몸 안의 독소를 씻어 내는 역할도 한다.

만 들 기 발아현미는 변질되기 쉬우므로 소량씩 구입한다. 잘 씻어 체에 밭친 후 아무것도 두르지 않은 팬에 노릇하게 볶아 분쇄기에 갈아 사용한다.

조 리 팁 씻을 때 쌀눈이 떨어져 나갈 수 있으므로 주의한다. 가루로 만든 후에도 변질될 수 있으니 냉동 보관한다.

쓰 임 튀김이나 전을 할 때 밀가루 반죽에 같이 넣거나 발아현미가루만으로 반죽을 한다. 훨씬 바삭하고 고소하다. 된장찌개나 죽에 넣어도 좋고 나물을 무칠 때 넣어도 좋다.

멸치가루

멸치는 뼈를 튼튼하게 하는 칼슘 및 인의 함량이 높다. 또 멸치에 있는 타우린은 콜레스테롤 함량을 낮춰 심장병과 뇌졸중의 원인인 동맥경화를 예방한다. 불포화지방산인 EPA와 DHA가 들어 있어 두뇌 발달에 좋고 핵산이 풍부해 천연의 감칠맛이 난다.

만 들 기 멸치는 은백색을 띠고 껍질이 벗겨지지 않은 것이 좋다. 머리와 내장을 제거한 후 달군 프라이팬에 노릇하게 볶아 분쇄기로 간다.

조 리 팁 내장을 함께 갈면 쓴맛이 나므로 가루를 내기 전에 반드시 빼낸다. 센 불에서 물기가 완전히 없어질 때까지 바짝 볶아야 비린 맛이 없고 잡내가 나지 않는다.

쓰 임 각종 국, 찌개, 전골 국물이나 육수를 낼 때, 특히 된장찌개나 국, 국수장국 등에 이용한다.

새우가루

새우는 칼슘과 무기질이 많고 음식에 감칠맛을 내는 각종 아미노산이 풍부하다. 특히 마른 새우는 생새우보다 단백질 및 다른 영양 성분이 고루 들어 있고 칼슘은 멸치보다도 많아서 성장기 어린이나 골다공증에 걸리기 쉬운 중년 여성에게 좋다.

만 들 기 바짝 마르고 윤기가 있는 진홍색의 꽃새우를 골라 큰 것은 마른안주나 볶음, 조림 등의 반찬으로 이용하고 조금 작은 것을 갈아 쓰는데, 잔가시와 이물질을 잘 손질하여 프라이팬에 볶은 후 분쇄기에 빻아 체에 거르면 된다.

조 리 팁 새우를 볶을 때 청주를 한 큰술 둘러 바삭하게 볶으면 비린내가 나지 않는다. 생새우는 머리만 따로 떼어, 대파와 생강 등을 조금 넣고 함께 끓여 육수로 사용하면 좋다.

쓰 임 감칠맛이 좋고 색이 고와서 수프나 덮밥 국물, 된장국, 찌개에 이용한다. 호박나물 등 나물을 무치거나 국물 요리의 육수를 만들 때, 조림 · 볶음 요리를 할 때 사용하면 새우 특유의 맛과 향이 우러나 간을 약하게 해도 맛있다.

다시마가루

다시마는 칼슘과 요오드 등의 미네랄과 섬유질이 풍부해 비만과 성인병 예방에 좋다. 다시마 표면에 붙어 있는 하얀색 가루는 다시마 특유의 감칠맛을 내는 성분이다.

만 들 기 다시마는 통통하고 빛깔이 검으며 흰 가루가 균일하게 퍼져 있는 것이 좋다. 약간 젖은 면포로 표면에 묻어 있는 흰 가루를 가볍게 닦은 후 달군 팬에서 앞뒤로 바삭하게 굽는다. 구운 다시마를 분쇄기에 넣고 곱게 간 후 체에 거른다.

조 리 팁 다시마에 무, 대파, 양파 등을 넣고 25분 정도 끓인 후 체에 걸러 사용하면 다시마 채소 육수가 되는데 모든 국물의 기본으로 사용할 수 있다.

쓰 임 국, 찌개, 전골 등 국물 요리에 넣으면 다시마 향이 우러나 국물이 진해진다. 단 너무 많은 양을 넣으면 음식이 검은 빛을 띠고 뻑뻑해진다.

고추씨가루

고추의 매운맛 성분인 캅사이신은 몸의 신진대사를 촉진시키고 단백질의 부패를 억제한다.

만 들 기 통통하고 매운맛이 나는 붉은 고추의 씨가 가장 맛이 좋다. 가을에 고추가루를 빻기 전 마른 고추를 자를 때 고추씨를 모아 두었다가 분쇄기에 굵게 갈아 사용한다. 한 가지 고추씨보다 여러 고추의 씨를 갈아 사용하는 것이 맛이 좋다.

조 리 팁 평소 고추를 조리할 때 씨를 긁어 내어 그 씨를 모아 말려 두었다가 사용해도 된다.

쓰 임 국이나 찌개에 넣으면 칼칼한 맛이 난다. 각종 볶음이나 조림에 넣으면 감칠맛 나는 매운맛을 느낄 수 있다. 어육류의 비린 맛을 없애 준다.

홍합가루

각종 비타민과 미네랄, 철분이 풍부해 빈혈 예방에 좋다. 노화 방지, 피부 미용에도 효과가 크다. 풍부한 프로비타민D는 칼슘과 인의 체내 흡수율을 향상시켜 골다공증을 예방하고 뼈와 치아를 튼튼하게 한다.

만 들 기 살이 통통하면서 빛깔이 붉고 윤기 있게 잘 마른 홍합을 고른다. 체에 밭쳐 흐르는 물에 재빨리 씻은 후 채반에 넣어 햇볕에 말린 다음 분쇄기에 넣고 간다.

조 리 팁 말린 홍합은 지나치게 씻으면 고유의 맛이 다 씻겨 나가므로 먼지가 떨어져 나갈 정도로만 가볍게 헹군다.

쓰 임 미역국, 된장국, 해물탕 등에 개운한 국물 맛을 내거나 나물을 무칠 때 사용한다. 전이나 수제비, 칼국수 반죽을 할 때 넣어도 좋다.

맛내기 비법, 액체 양념

만들어 두면 요리할 때 요모조모 쓸모가 많다. 주말에 한번 날 잡아 만들어 두고 생선 조림 때, 생채 무침 때, 야채 볶을 때 궁합 맞는 양념을 살짝 곁들이면 밥 한 그릇 뚝딱 비우는 감칠맛 나는 요리로 변신한다.

민트식초

쓰 임 각종 초무침, 샐러드 소스

재 료 민트 3~4줄기, 양조식초 5컵

1. 마개가 있는 유리병을 뜨거운 물로 소독하여 잘 말린다.
2. 민트를 넣고 식초를 붓는다.
3. 마개를 덮고 가끔씩 흔들어 2주 정도 숙성 후 먹는다.

* 민트 외에도 향기로운 허브는 종류에 상관없이 사용할 수 있다.

레몬 식초

쓰 임 각종 초무침, 샐러드 소스

재 료 레몬 1개, 양조 식초 5컵

1. 레몬은 씨를 빼고 모양을 살려 자른다.
2. 물기 없는 병에 레몬을 담고 식초를 부어 2주 정도 숙성시킨다.

＊ 식초를 계속 사용하다 보면 레몬이 떠올라 곰팡이가 슬수 있으니 레몬이 떠오르지 않게 식초를 조금씩 보충해 가며 사용한다.

솔잎청주

쓰 임 각종 조림, 볶음, 국, 찌개에 사용, 어·육류를 재울 때 사용하면 비린내와 비린 맛이 없어진다.

재 료 솔잎 한 줌, 청주 5컵

1. 솔잎은 끈끈한 부분을 잘라 내고 잘 씻어 잘게 썬다.
2. 병에 솔잎을 담고 청주를 부어 가끔씩 흔들어 가며 1개월 정도 숙성시킨 뒤 사용한다.

마늘기름

쓰 임 각종 볶음이나 구이 요리에 사용. 생선이나 육류의 비린내가 없어진다.

재 료 마늘 10알, 포도씨오일 5컵

1. 마늘은 잘 씻어 물기를 없애고 2~3조각으로 편 썰기한다.
2. 병에 담고 포도씨오일를 부은 후 한 번씩 흔들어 가며 2주 정도 숙성시킨 뒤 사용한다.

생강청주

쓰 임 각종 조림, 볶음, 국, 찌개에 사용, 어육류의 비린내와 비린 맛이 없어진다.

재 료 생강 1/2톨, 청주 5컵

1. 생강은 껍질을 벗기고 잘게 채 썬다.
2. 병에 넣고 청주를 부어 가끔씩 흔들어 가며 2주 정도 숙성시킨 뒤 사용한다.

＊ 생강 녹말이 가라앉으므로 사용할 때마다 흔들어 사용하고 반드시 냉장 보관한다.

로즈메리기름

쓰 임 이탈리안 요리 베이스의 구이나 볶음. 스테이크나 해산물 밑간에 사용하면 육질이 부드러워지고 잡내가 없어진다.

재 료 로즈메리 3~4줄기, 통마늘 3알, 마른 고추 2개, 통후추 10알, 엑스트라버진 올리브오일 5컵

1. 마개가 있는 유리병을 뜨거운 물로 소독하여 잘 말린다.
2. 1의 병에 준비한 로즈메리와 재료를 넣고 올리브오일을 붓는다.
3 마개를 덮고 1일 1회씩 흔들어 2주 정도 숙성시킨 후 사용한다.

고추기름

쓰 임 채소나 어육류를 볶을 때나 담백한 요리의 마지막에 넣으면 깔끔한 맛이 난다. 각종 볶음이나 구이에 처음부터 넣으면 매운 향이 난다.

재 료 고추씨 2큰술, 마른 고추 5개, 마늘 2톨, 포도씨오일 5컵

1. 마른 고추는 송송 자르고 마늘은 2~3조각으로 편 썰기한다.
2. 소독된 병에 1의 재료를 담고 포도씨오일을 붓는다.
3. 한 번씩 흔들어 가며 4주 정도 숙성시킨 뒤 사용한다.

맛 좋고 영양만점, 만능 양념장

각 음식의 재료에는 그에 맞는 양념이 있다. 요리의 달인이 별건가. 궁합에 맞는 양념을 사용하면
인공감미료로 만든 요리와는 비교할 수 없는 향취와 맛을 느낄 수 있다.

사과 초고추장

사과 과육을 갈아 넣어 부드러운 단맛이 나는 양념.
해산물을 찍어 먹거나 나물거리를 데쳐서 무쳐 먹으
면 좋다. 넉넉히 만들어 두고 냉장 보관해 사용하면
시간이 갈수록 맛이 깊어진다. 한 가지 더! 먹기 전에
참기름과 깨를 살짝 넣어 먹자.

재 료 고추장 5큰술, 사과1/2개, 식초 3큰술, 다시마물
1큰술, 조청 1큰술, 다진 마늘 1작은술, 생강즙 1/2작은술

1. 사과를 강판에 갈아 체에 내려 거친 건더기만 걸러 내
   고 즙과 고운 건더기는 사용한다.
2. 볼에 모든 재료를 고루 담고 곱게 풀어 냉장 보관한다.

만능 조림간장

시중에 파는 간장으로 조림 색깔을 내려면 간이 많이
배어 짜기 십상이다. 이럴 때 조림간장을 써 보자. 한
번 끓였기 때문에 색이 진하고 여러 가지 양념을 넣
었기 때문에 맛에 깊이가 있다. 고기 밑간을 할 때, 국
이나 찌개에 감칠맛을 원할 때 한두 방울 똑.

재 료 진간장 3컵, 다시마(5×5cm크기) 2장, 물 2컵,
청주 1/2컵, 마른 표고 2개, 마른 고추 2~3개, 생강 2쪽,
양파 1개, 배 1/2개, 대파 1/2대, 사과 1개, 조청 1/2큰술

1. 생강은 얇게 저며 썰고 양파는 두껍게 링 썰기하고 배
   와 사과는 껍질째 잘 씻어 3~4등분한다.
2. 재료를 모두 담고 센 불에서 끓인다.
3. 끓어 오르면 불을 줄이고 양파가 말갛게 익을 때까지
   끓인 후 체에 걸러 식혀 병에 담는다.

과즙 겨자장

겨자씨가 발효되면서 소화를 촉진시킨다. 톡 쏘는 매
운맛이 새콤달콤해 해물냉채나 무침에 사용하면 좋다.
톡 쏘는 맛이 부담스러울 때는 연유를 약간 넣으면
맛이 조금 부드러워진다. 입맛 없을 때 딱 좋은 양념
이다.

재 료 겨자가루 5큰술, 따뜻한 물 3큰술, 배즙 3큰술,
유자청 1큰술, 식초 3큰술, 소금 1작은술, 간장 약간

1. 겨자가루를 따뜻한 물에 개어 따뜻한 곳에 30분 정도
   발효시킨다.
2. 톡 쏘는 향이 나면 나머지 재료를 넣고 잘 개어 체에
   내린 후 냉장 보관한다.

멸치가루 쌈장

별다른 반찬거리가 없는 여름날엔 싱싱한 상추에 쌈
장만 올려 먹어도 별미다. 오이나 당근, 풋고추 등을
찍어 먹을 때 사용해도 되고 고기구이에 곁들여 먹기
에도 좋고 바쁠 때 된장찌개 양념으로 사용해도 된다.
멸치가루 대신 견과류를 다져 넣어도 맛있다.

재 료 된장 5큰술, 고추장 1큰술, 멸치가루1 큰술, 다
진 마늘 1큰술 참기름 1큰술, 깨소금 1큰술, 조청(꿀) 1/2
큰술

1. 재료를 고루 섞어 냉장 보관한다.

| 해산물 볶음양념 | 고추장 구이양념 | 매운 국, 찌개 양념 | 된장국, 찌개 양념 |

해산물 볶음양념

오징어, 주꾸미, 낙지나 기타 해물을 매콤하게 볶을 때 사용한다. 낙지나 주꾸미처럼 부드럽게 익혀야 하는 해산물은 채소와 양념장을 먼저 자글자글 볶다가 재료를 넣어야 한다. 수분이 많이 나오는 해산물을 볶을 땐 생강청주 대신 생강가루를 넣어도 좋다.

재 료 고추장 5큰술, 고춧가루 2큰술, 고추씨가루 1/2큰술, 간장 1큰술, 조청 1큰술, 다진 마늘 1큰술, 생강청주 1큰술, 참기름 1큰술, 깨소금 1/2큰술, 후춧가루 약간

1. 볼에 재료를 넣고 고루 섞은 후 냉장 보관한다.

고추장 구이양념

생선, 채소를 노릇하게 구워 양념장을 발라 놓으면 반찬 없는 날 색다른 찬거리가 된다. 넉넉히 만들어 두면 구이뿐 아니라 볶음, 무침, 조림까지 사용할 수 있다. 칼칼한 맛을 좋아한다면 고추씨가루를 넉넉히 넣는다.

재 료 고추장 5큰술, 다시마물 2큰술, 고춧가루 1큰술, 고추씨가루 1/2큰술, 꿀 1큰술, 매실청 1/2큰술, 간장 1/2큰술, 참기름 2큰술, 깨소금 1큰술, 다진 마늘 1큰술

1. 볼에 재료를 넣고 고루 섞은 후 냉장 보관한다.

매운 국, 찌개 양념

집에서 만드는 매운탕은 왜 맛집에서 파는 것 같은 맛이 안 날까? 매운 양념장을 만들어 두고 사용하면 그런 일이 없다. 조금 달큰한 맛이 좋다면 고춧가루 양을 줄이고 고추장을 넣으면 된다. 단 고추장 양이 너무 많으면 국이 떫어지므로 주의한다.

재 료 고춧가루 10큰술, 멸치 액젓 2큰술, 국간장 1큰술, 다진 마늘 2큰술, 생강즙 1작은술, 새우가루 1/2큰술, 다시마가루 1작은술

1. 재료를 고루 섞어 냉장 보관한다.

된장국, 찌개 양념

국이나 찌개에는 양념을 따로 풀어 넣는 것보다 숙성된 양념장을 넣는 것이 훨씬 맛있다. 미리 만들어 두면 바쁠 때 큰 노력을 들이지 않아도 구수한 된장국, 찌개를 만들 수 있다. 부드럽고 순한 맛을 원한다면 고춧가루 대신 고추장을 사용해도 좋다.

재 료 된장 5큰술, 고춧가루 2큰술, 다시마물 3큰술, 다진 파 2큰술, 다진 마늘 1큰술, 멸치가루 1/2큰술, 새우가루 1작은술, 생강즙 1작은 술

1. 재료를 고루 섞어 냉장 보관한다.

천연재료로 국물 내기

다시마나 멸치를 미리 우려내어 냉동 보관해 두고 필요할 때 꺼내 육수로 써 보자.
손님이 갑작스레 방문했을 때 육수라도 미리 준비되어 있으면 일손이 더는 느낌마저 든다.

다시마물

시원한 감칠맛이 맑은 탕이나 전골에 어울린다. 미처
불릴 시간이 없었다면 다시마 표면을 잘 닦고 사방에
잔 가위 집을 내어 끓인다. 무는 껍질째 두툼하게 썰
어야 달고 시원한 맛이 잘 우러난다.

재 료 다시마 10×10cm 2장, 무 1/6개, 물 10컵

1. 다시마 표면을 닦아내고 찬물에 담가 3~4시간 정도
   불린다.
2. 무는 잘 씻어 껍질째 두툼하게 썬다.
3. 냄비에 다시마물을 붓고 다시마와 무를 넣어 중간 불
   로 끓인다.
4. 끓어 오르면 다시마는 건져 내고 무는 말갛게 익을 때
   까지 끓여 체에 거른다.

* 익은 무는 나박하게 썰어 국물에 다시 넣어도 좋다.

멸치 육수

칼칼하고 개운한 국물 맛을 낸다. 된장이나 고추장 찌
개에 잘 어울린다. 국물용 멸치는 전체적으로 연 푸른
빛을 띠는 넓적하고 큰 것이 좋다.

재 료 국물용 멸치 20마리 정도, 다시마 5×5cm 1장,
물 10컵

1. 멸치의 내장과 머리를 떼어 낸다.
2. 아무것도 두르지 않은 냄비에 멸치를 달달 볶는다.
3. 다시마 조각과 찬물을 부어 중간 불로 끓인다.
4. 거품을 걷어 내며 끓이고 끓어 오르면 체에 거른다.

* 끓기 시작해서 10~15분 정도면 완성된다. 육수를 만들
고 건져 낸 다시마와 멸치는 간장과 조청을 넣고 졸이
면 아이도 좋아하는 별미 반찬이 된다.

표고 육수

구수하고 깔끔한 단맛이 있어 된장찌개나 맑은 채소국에 어울린다. 마른 표고는 갓의 뒷면이 하얗고 큼직한 것이 좋다.

재 료 마른 표고 5개, 다시마 5×5cm 1장, 물 10컵(표고 우린 물 5컵, 물 5컵)

1. 마른 표고버섯을 흐르는 물에 잘 씻어 건진다.
2. 1의 표고를 찬물에 담가 부드럽게 불린다(불린 물은 버리지 말자).
3. 부드럽게 불은 표고를 꼭 짠다.
4. 아무것도 두르지 않은 냄비에 표고를 넣고 살짝 볶다가 물을 넣고 중간 불에서 서서히 끓여 낸다.

콩나물 육수

시원하고 개운한 맛이 생선탕이나 찌개, 해장국에 어울린다. 콩나물의 비린 맛을 잡기 위해 생강을 꼭 넣어 준다.

재 료 콩나물 100g, 생강 1쪽, 다시마 5×5cm 1장, 물 10컵

1. 콩나물은 껍질만 없어질 정도로 씻어 체에 밭친다.
2. 생강은 곱게 편 썰고 다시마는 흰 가루를 닦아 낸다.
3. 냄비에 콩나물과 다시마, 생강을 담고 찬물을 부어 뚜껑을 덮고 끓인다.
4. 콩나물 익는 냄새가 나면 다시마를 건져 내고 조금 더 끓인 다음 체에 거른다(삶은 콩나물로 나물이나 국을 끓이고 싶다면 다시마를 건져 낼 때 일부를 건진다).

자투리 채소 육수

깔끔하고 뒷맛이 없는 깔끔한 단맛이 죽이나 이유식, 맑은 국에 어울린다. 냉장고에 굴러다니는 단단한 채소는 모두 사용할 수 있다. 채소는 될 수 있으면 큼직한 덩어리째 사용해야 국물이 끓는 동안 채소가 뭉그러져 국물이 탁해지는 것을 막을 수 있다.

재 료 애호박 1/4개, 당근 1/5개, 양파 1/4개, 마른 표고 1개나 버섯 자투리 약간, 다시마 5×5cm 1장, 물 10컵

1. 자투리 채소는 잘 씻어 준비한다.
2. 다시마 1쪽을 넣고 물을 끓이다가 끓어 오르면 다시마를 건져 낸다.
3. 자투리 채소를 넣고 채소들이 말갛게 익을 때까지 끓여 체에 거른다.

국 물 만 들 때 이 것 만 은 꼭 !

1. 모든 채소는 큼직하게 썰거나 통으로 넣는다.
➜ 끓는 동안 부스러지지 않아 국물 색과 맛이 깔끔하다.

2. 끓이면서 생기는 거품은 중간 중간 걷어 낸다.
➜ 단백질이나 기타 부유물들이 만드는 거품이므로 꼭 걷어낸다.

3. 한 번 끓어 오르면 불을 줄이고 뭉근하게 끓인다.
➜ 재료의 맛을 충분히 우려낼 수 있다.

천연재료로 단맛 내기

인공감미료뿐만 아니라 설탕도 몸에 좋지 않다는 사실이 여러 매체를 통해 알려졌다. 설탕이 몸에 좋지 않은 이유는 사탕수수 정제 과정에서 우리 몸에 이로운 섬유질과 영양소가 모두 제거되고 정작 설탕에는 '수크로오스(sucrose)'라는 당분만 남기 때문이다.

영양소를 잃어 버린 단순 탄수화물이나 정제된 곡물을 많이 섭취하게 되면 체내에 빠르게 흡수되어 체지방으로 축적될 뿐만 아니라 혈당치가 급상승한다. 그러면 혈당치의 조정 역할을 담당하는 인슐린이 췌장에서 과잉 분비되어 결과적으로 혈당치가 급격하게 떨어진다. 이것이 저혈당이다.

혈당치가 저하되면 혈당치의 균형을 유지하기 위해 단것이 먹고 싶어지는데 이때 몸이 원하는 대로 단것을 섭취하면 당 대사에 꼭 필요한 비타민B군이 부족해질 뿐만 아니라 혈당치가 안정되지 않아 극단적인 상승과 하락을 되풀이하는 악순환에 빠져 버린다. 이런 일이 반복되면 인슐린을 분비하는 췌장이 부담을 느껴 인슐린 분비 조절을 잘하지 못하고 결국 비만, 당뇨병의 전단계인 '만성저혈당증'으로까지 악화될 수 있다.

그렇다면 무설탕 껌과 과자, 음료수는 과연 안심하고 먹어도 될까? 하지만 제품의 식품표시 라벨을 읽어 보면 설탕 대신 단맛을 내는 당류, 즉 과당, 포도당, 올리고당을 넣은 것들이 대부분이다. 제조 과정 중 설탕을 첨가하지 않았을 뿐, 결국 혈당이 증가하고 칼로리가 높은 것은 설탕과 비슷하거나 같다.

그러므로 무설탕이라고 무조건 안심하기보다는 첨가된 것이 무엇인지, 건강에 어떤 영향을 미치는지, 식품표시 라벨을 꼼꼼히 살펴보는 습관이 필요하다. 더욱 좋은 방법은 천연의 재료로 단맛을 내는 법을 익히는 것이다. 천연 재료로 단맛을 내는 방법은 의외로 많다.

대추

대추 삶은 물을 준비해서 수프나 간식 등 단물이 필요할 때 사용하면 좋다. 대추를 깨끗하게 씻은 후 약한 불에서 대추가 흐물흐물하도록 푹 삶아 체에 내리면 된다.

과일청(매실청이나 유자청 등)

과일을 설탕이나 꿀에 재워 과즙이 우러나오도록 한 맑은 시럽이다. 설탕이 들어가기는 하지만 과일의 영양 성분이 녹아 나와 향이 좋고 맛이 맑고 깨끗하다.

양배추

양배추도 양파와 마찬가지로 단맛이 많은 채소다. 날 것으로 씹으면 씹을수록 단맛이 살아난다. 간식으로 샐러드를 준비할 때 양배추를 채 썰어 넣으면 드레싱에 설탕 넣는 것을 줄일 수 있다. 양념을 만들 때도 설탕 대신 양배추를 갈아 넣는다. 살짝 찌거나 볶으면 단맛이 더욱 강해진다.

꿀

천연의 단맛 중 최고의 재료다. 벌들의 먹이를 가로채는 인간의 이기심이므로 먹지 말자는 견해도 있으나 이는 개인의 선택에 맡겨야 할 것 같다. 환경과 함께 지속가능한 삶을 추구하는 로하스 라이프에도 어느 정도 견해 차이는 있는 법이다. 꿀은 각종 영양소와 효소가 풍부하고 체내 흡수도 느려 몸에 좋다. 단 열에 약하므로 장시간 가열하지 않는다. 향이 강한 특정 꿀보다는 잡꿀이 요리용으로는 좋다.

양파

날것으로 먹으면 휘발성 물질 때문에 맵지만 볶거나 굽는 과정을 거치면 단맛이 강해진다. 볶음이나 구이에 단맛을 낼 때 양파를 채 썰거나 다져서 충분히 볶아 넣는다. 소스에 단맛을 내려면 양파를 갈아서 첨가하면 좋다.

단호박

그냥 찌기만 해도 아주 맛있는 단맛이 난다. 조림이나 찜을 할 때 설탕 대신 단호박을 삶아서 으깬 후 넣어 보자. 쿠키나 케이크를 만들 때도 단호박으로 당도를 조절할 수 있다.

과일

사과, 배, 파인애플, 키위 등 단맛이 많은 과일은 으깨서 과육을 사용해도 되고 즙을 짜서 사용해도 좋다. 단맛이 나는 소스나 양념을 만들 때 설탕 대신 과일을 활용해 보자.

조청

엿기름으로 식혜를 만든 후 밥을 건져 내고 푹 고아 만든 것이다. 조청은 조금만 넣어도 단맛을 충분히 낼 수 있다. 조림이나 볶음 시에는 요리의 거의 마지막에 넣어야 윤기를 낼 수 있다. 설탕을 넣어야 하는 어떤 요리든 대체해서 사용할 수 있다.

올리고당

올리고당은 설탕과 같은 단맛을 내면서도 칼로리는 설탕의 1/4 정도라 비만 예방에 좋다. 설탕은 혈관으로 바로 흡수되어 급속하게 고혈당 상태로 만들었다가 인슐린이 분비되면 혈당이 다시 급속하게 분해되어 저혈당 증상이 나타난다. 하지만 올리고당은 체내 흡수가 빨리 이루어지지 않아 인슐린 분비를 안정시킨다. 올리고당은 열에 약하므로 조리의 마지막에 조금 넣는다. 단 옥수수나 콩을 사용한 올리고당은 유전자 조작식품의 염려가 있으니 사용하지 않도록 한다.

천연조미료 제대로 활용하기

천연 재료로 조미가루, 양념, 국물 등을 만들어 놓았다면 언제 어떻게 사용하고 얼마나 보관해야 상하지 않는지 알아 둘 필요가 있다. 천연조미료를 제대로 활용하기 위한 요리 팁을 소개한다.

언제 사용할까?

그동안 화학조미료로 맛을 냈던 모든 요리에 천연조미료를 사용할 수 있다. 입맛을 현혹하는 자극적인 맛은 아니지만 자연스러운 감칠맛이 입을 즐겁게 한다. 화학조미료의 맛을 잊고 천연조미료 맛에 익숙해지기 시작했다면 천연조미료 양도 서서히 줄여 재료 자체의 천연 향과 맛을 즐기는 것이 좋다.

언제 넣을까?

요리 과정 제일 마지막에 넣는 화학조미료와는 달리, 천연조미료는 처음 또는 중간에 넣어 맛이 우러나도록 한다. 재우는 시간이 필요한 요리에는 처음부터 같이 넣고 조물조물 치대어 간과 향이 미리 배도록 한다. 국물 요리에는 중간 정도에 넣어 맛을 우리는 것이 좋고 나물이나 샐러드 요리에는 양념을 만들 때 넣어 재료와 양념이 잘 어우러지도록 한다.

얼마나 만들어 둘까?

요리를 할 때마다 조미료를 만든다는 건 무척 번거롭다. 1개월 분량을 미리 만들어서 냉동고에 넣어 둔 후 사용한다. 하지만 견과류나 곡류로 만든 조미료는 빨리 산패하니 조금씩 만들어 준다. 당근, 브로콜리, 양파, 표고 등은 섞어서 모둠 채소칩으로 넉넉히 만들어 두면 오래 사용할 수 있다. 식초나 청주, 기름도 1리터 정도의 분량만 만들어서 사용하는 것이 좋다. 향을 우리기 위해 넣었던 재료가 떠오르면 곰팡이가 필 수 있으므로 액체의 양을 조금씩 보충해 가며 사용한다.

얼마나 오래, 어디에 보관할까?

가루조미료는 냉동 보관하면 1개월 정도 두고 먹을 수 있다. 단 냉동실 냄새가 조미료에 밸 수 있으니 밀폐력이 좋은 유리병이나 유리그릇을 사용하는 것이 좋다. 냉동실 문 선반에 세워 두거나 냉동실 한쪽에 쌓아 두고 한눈에 알아보기 쉽게 이름과 만든 날짜를 적은 이름표를 붙여 둔다. 채소칩들은 보관 기간이 3개월 정도 되는데 습한 날씨가 아니라면 바삭 말려 실온에 보관해도 된다. 액체 조미료는 냉장실에서 40~50여 일 보관할 수 있다. 압착 뚜껑이 있는 병에 담아 두고 흔들리지 않게 고정하여 선반 쪽에 세워 두는 것이 좋다. 단 올리브오일로 만든 향신 기름은 냉장고에 넣으면 하얀 입자가 생기고 굳어 버리므로 서늘한 실온에 보관하도록 한다.

시간 절약, 간편조리용 채소 칩

요리에 감초처럼 들어가는 파, 마늘, 양파, 고추 등 기본 양념이 떨어져 난감했던 적은 없는지……. 이러한 기본 채소를 말려 두면 오랫동안 두고두고 활용할 수 있다.

말린 파

쓰 임 국이나 찌개 등의 국물 요리 마지막에 넣거나 조림이나 볶음 중간에 넣으면 색이 변하지 않고 신선한 파 모양으로 불어난다.

재 료 파 푸른대 부분

1. 파의 푸른 잎 부분을 길게 채 썰거나 송송 썬다.
2. 바람이 통하는 서늘한 곳에서 바삭하게 말려 사용한다.

당근 칩

쓰 임 살짝 불려서 볶음, 찜, 조림할 때 중간 정도에 넣어 준다.

재 료 당근 1/2개

1. 당근은 잘 씻어 껍질을 벗긴 뒤 곱게 채를 썰거나 잘게 다진다.
2. 바람이 통하는 서늘한 곳에서 바삭 말려 사용한다.

마늘 칩

쓰 임 볶음이나 구이를 시작할 때 기름을 두르고 마늘 칩을 넣고 향을 낸다. 생선조림 중간에 마늘 칩을 넣고 조리면 비린내가 없어진다. 국이나 찌개의 마지막에 넣어도 좋다.

재 료 마늘 한 줌

1. 마늘은 잘 씻어 곱게 펴서 썬다.
2. 바람이 통하는 서늘한 곳에서 바삭하게 말린다.

양파 칩

쓰 임 볶음이나 구이를 시작할 때 기름을 두르고 양파 칩을 넣어 향을 내거나 육류나 생선을 조릴 때 중간 정도에 넣고 조리면 비린내가 없어진다.

재 료 양파 1개

1. 양파를 잘 씻어 곱게 링 모양으로 썬다.
2. 바람이 통하는 서늘한 곳에서 바삭 말려 사용한다.

표고 칩

쓰 임 찌개나 밥, 죽에 넣으면 말랑하게 부드러워지고 요리에 감칠맛이 난다.

재 료 표고버섯 5개

1. 갓이 넓게 핀 표고를 잘게 자르거나 곱게 채 썬다.
2. 바람이 통하는 서늘한 곳에서 바삭하게 말려서 사용한다.

* 표고, 브로콜리, 당근, 양파, 파 등은 섞어서 모둠 칩으로 만들어 두면 편하다.

브로콜리 칩

쓰 임 달걀말이나 찜의 속 재료로 넣거나 볶음이나 조림 중간에 넣고 사용하면 색도 예쁘고 단맛도 우러난다.

재 료 브로콜리 대 1개

1. 브로콜리 대는 잘 씻어 굵직하게 다진다.
2. 바람이 통하는 서늘한 곳에서 바삭하게 말려서 사용한다.

고추 칩

쓰 임 볶음이나 구이의 매운맛을 내거나 국물 요리의 마지막에 넣고 칼칼한 맛을 우린다.

재 료 반불겅이 고추10개

1. 반은 파랗고 반은 빨간 반불겅이 고추를 골라 잘 씻어 과육만 손질한다.
2. 과육을 송송 썰거나 굵직하게 다진다.
3. 바람이 통하는 서늘한 곳에서 바삭하게 말려서 사용한다.

서양 드레싱도 집에서 만들면 안심!

케첩이나 칠리소스 같은 드레싱! 신선한 재료를 활용해 집에서 직접 만들어 보자.

홈메이드 케첩

토마토는 라이코펜 성분이 있다. 이 성분은 암 유발 성분을 몸 밖으로 배출하는 작용을 한다. 전립선암과 폐암 예방에 효과적이라 알려졌으며, 혈관을 튼튼히 하여 심장과 혈관 질환을 예방한다. 각종 비타민이 풍부하여 유럽에서는 '먹는 자외선 차단제'라 불린다.

재 료 토마토 5개, 유기농 설탕, 식초, 소금, 흰 후춧가루 적당량, 월계수 잎 1장

1. 토마토는 윗부분에 십자로 칼집을 넣고 끓는 물에 넣어 껍질을 벗겨 낸다.
2. 1의 토마토를 대충 으깨거나 믹서로 갈아 냄비에 담고 뭉근한 불에 월계수 잎을 넣고 조린다.
3. 적당한 농도가 되면 체에 거른 후 기호대로 설탕, 소금, 식초, 후춧가루를 넣고 한소끔 끓인 뒤 소독한 병에 담아 두고 요리에 곁들이거나 소스로 사용한다.
* 시중의 토마토는 거의 후숙 제품이므로 지나치게 붉은 것을 사면 금방 물러진다. 적당히 탄력이 있고 붉은 기가 살짝 도는 것을 사서 익혀 먹는 것이 좋다.

스위트 칠리소스

토마토 케첩에 고추기름 3~4큰술, 꿀 1큰술을 넣으면 된다.

올리브오일 마요네즈

재 료 유정란 노른자 1개, 올리브오일 1컵, 유기농 설탕 1작은술, 소금 1/2작은술, 화이트와인 1작은술, 식초 1/2 작은술, 레몬즙 1/2작은술, 양겨자 1작은술

1. 유정란은 깨뜨려 노른자와 흰자를 분리한 후 노른자만 볼에 담는다.
2. 노른자를 깨뜨린 후 올리브오일을 조금씩 부어가며 저어 준다.
3. 기름을 다 넣고 뻑뻑하게 만들어지면 나머지 재료를 넣고 고루 저어 준다.
4. 밀폐용기에 넣어 2주 정도 보관할 수 있다. 각종 요리의 소스를 만들 때 사용한다.

허니 머스터드

올리브오일 마요네즈 4큰술에 꿀 1큰술, 양겨자 1큰술을 넣고 고루 젓는다.

땅콩 버터

재 료 땅콩 5컵, 포도씨오일 4큰술, 소금 1작은술

1. 달군 팬에 껍질 벗긴 땅콩을 넣고 갈색이 날 때까지 볶는다.
2. 2의 땅콩을 분쇄기에 넣고 기름이 나올 때까지 간다.
3. 포도씨오일을 조금씩 넣어가며 부드럽게 간다.
4. 소금을 넣고 간을 맞춘 후 냉장 보관한다.

식품첨가물
꼭 확인하고 먹읍시다

쇠고기는 미국산인지, 호주산인지, 한우인지 깐깐하게 고르면서 인스턴트 가공식품은 '우리 쌀로 만든 과자', '검은 콩으로 만든 두유', '無MSG'와 같은 광고에 현혹되어 구입하는 이들이 있다. 과연 이러한 식품들은 광고문구처럼 우리 몸과 환경에 이로운 것일까? 이를 판단하려면 이들의 재료 성분을 파악할 필요가 있다. 대부분의 식품첨가물은 매우 소량씩 들어 있어 그 위해성이 크게 드러나지 않지만 발암성, 소화 장애, 불쾌감 등 우리 몸에 좋지 않은 영향을 준다. 미량일지라도 이러한 물질을 지속적으로 섭취하면 우리 몸의 건강은 장담할 수 없다.

지금까지 가공식품의 식품첨가물을 무심코 지나갔다면 앞으로는 꼼꼼하게 확인하도록 하자. 모든 가공식품이 유해한 것은 아니지만 무분별한 가공식품의 섭취는 우리 몸에 쌓이는 양을 생각해 볼 때 건강을 해치는 심각한 원인이 될 수 있다. 대부분의 식품첨가물을 확인하는 것도 안전한 먹을거리를 고르는 하나의 방법이다.

몸에 해로운 식품첨가물

보존료 소르빈산, 안식향산 | 흔히 방부제로 알려져 있으며 세균류의 성장을 억제하거나 방지해 식품의 부패를 막는다. 발암성, 간장 변화, 염색체 이상 피부와 점막 자극, 신경계에 영향을 미친다.

산화방지제 소르빈산, EDTA 칼슘2나트륨, 아스코르빈산 | 지방질이나 비타민A, D 등을 함유한 식품은 공기 중의 산소와 만나 쉽게 산패하게 되는데 이를 방지하기 위해 첨가된다. 칼슘 부족증, 혈압 강화, 위장 장애, 염색체 이상, 변이원성, 콜레스테롤 상승의 원인이 된다.

착색료 적색2호, 적색3호, 황색4호, 황색5호, 적색40호, 적색102호, 녹색3호, 청색1호 | 아이들이 주로 먹는 과자나 사탕, 아이스크림에 알록달록한 색을 내기 위해 첨가한다. 주로 석유를 이용한 타르계 색소를 이용한다. 발암성, 간 · 혈액 · 콩팥 장애를 일으킨다.

착향료 계피알데히드, 바닐린, 벤즈알데히드 등 | 음식에 향을 강화하고 좋지 않은 냄새를 없애거나 냄새를 변화시킬 때 사용한다.

화학조미료(MSG) L-글루타민산나트륨, 이노신산나트륨, 구아닐산나트륨 | 식품에 존재하지 않는 맛을 내거나 존재하는 맛을 더욱 강하게 만들기 위해 사용된다.

감미료 돌신, 아스파탐, 사카린메이트, 사카린나트륨 | 설탕보다 강한 단맛을 내기 위해 사용된다. 염색체 이상, 급성 출혈, 적혈구 감소, 갑상선 팽창, 경직, 경련을 일으킨다.

발색제 아질산나트륨, 아초산나트륨, 질산칼륨, 질산나트륨, 니코틴산아마이드 | 햄이나 소시지 등 어육가공제품에 색을 선명하게 내는 데 사용된다. 빈혈, 호흡기능 약화, 급성 구토, 발암성이 있다.

표백제 아황산표백제, 메타중아황산칼륨, 무수아황산, 산성아황산나트륨 | 원료의 색을 희게 유지하는 데 사용된다. 신경염, 순환기 장애, 위점막 자극, 기관지염, 천식 등을 일으킨다.

우리집 밥상에서 식품첨가물을 줄이는 생활수칙

1. **인스턴트와 패스트푸드의 편리함을 버린다**
   자연의 식재료를 그대로 이용해 되도록 적게 조리해 먹는다.

2. **천연조미료를 사용한다**
   화학조미료는 피하고 간장, 된장, 고추장 등 발효음식과 천연조미료를 이용해 맛을 내도록 한다.

3. **외식을 줄인다**
   외식은 각종 조미료의 섭취를 늘려 식품첨가물의 섭취까지 늘린다.

4. **식품첨가물의 피해를 알려 준다**
   무작정 과자를 먹지 말라고 하면 아이들은 부모와 대립하기 쉽다.

5. **식품첨가물 목록을 가지고 가거나 친환경 매장을 이용한다**
   장을 볼 때 식품첨가물 리스트를 확인해 보면서 유해한 물질이 들어 있으면 사지 않도록 한다. 생협이나 친환경 매장을 이용하면 안심.

6. **끓는 물에 데쳐 낸다**
   어묵, 햄, 소시지 등을 조리 전에 살짝 데치면 방부제와 첨가물의 잔존량을 줄일 수 있다.

7. **물에 헹군다**
   통조림 제품은 함께 들어 있던 기름이나 국물을 버리고 조리한다. 두부나 콩, 옥수수 통조림은 찬물에 헹궈 내어 응고제, 소포제, 살균제 등의 잔존량을 줄인다.

8. **라면은 한 번 끓여 버리고 다시 끓인다**
   컵라면은 물을 붓고 1분 정도 지난 후 우러난 물을 버리고 다시 끓는 물을 부어 먹는다.

CHAPTER 02

나물, 무침, 샐러드

시금치나 참나물을 살짝 데쳐 마늘, 파, 간장에 참기름을 넣은 후 조물 조물 무치면 고소한 참기름 냄새가 침을 고이게 한다. 그런데 정작 먹어 보면 조금 씁쓸한 것이 확 당기는 맛이 없다. 이런 경험, 주부라면 누구나 있을 것이다. 이럴 때 인공감미료를 아주 살짝 넣어 주면 조금 전까지만 해도 씁쓸하던 맛이 희한하게도 입에 착착 감긴다. 어쩔까? 눈 딱 감고 인공감미료로 맛을 낼까? 아니면 맛이 좀 없더라도 몸에 좋으니 그냥 먹을까? 이젠 전혀 고민할 필요 없다. 천연조미료로 충분히 맛있고 건강한 음식을 만들 수 있기 때문이다.

취나물무침 + 잣가루

취나물은 칼륨과 비타민A, B도 풍부하지만 산나물의 왕으로 불릴 만큼 향과 맛이 뛰어나다. 혈전을 예방하고 콜레스테롤을 배출시키는 효능도 있다. 잣은 맛도 고소하고 지방도 풍부하여 취나물 요리에 곁들이면 나물의 질감 때 부드럽고 촉촉하게 해 준다. 영양학적으로 아주 좋은 궁합이다.

재료(2인분)

취나물	한 줌(100g)
잣가루	약간
참기름	약간
양념	
잣가루	2큰술
참기름	1큰술
다진 마늘	1작은술
소금	1/2작은술
국간장	약간

1. 취나물은 깨끗이 다듬어 씻은 후 옅은 소금물에 데쳐 먹기 좋게 자른다.
2. 볼에 잣가루를 넣고 참기름에 윤기나게 버무린다.
3. 2에 나머지 재료를 넣고 섞는다.
4. 볼에 취나물을 넣고 양념에 버무린 후 잣가루를 약간 뿌려 낸다.

✎ 잣가루를 제대로 만드는 방법

잣가루를 다질 때 분쇄기를 이용하면 지방이 한데 뭉쳐 보슬보슬한 잣가루의 질감이 나지 않으므로 종이타월이나 갱지 위에 올려놓고 칼로 직접 다지는 것이 좋다. 정 힘이 들면 회전형 치즈갈이에 넣고 갈도록 한다.

배추잎나물 + 된장멸치가루

배추는 비타민C가 풍부하고 칼슘과 섬유질, 카로틴, 단백질 등이 고르게 분포된 영양덩어리 채소다. 배추를 익히면 단맛이 나서 된장의 텁텁함을 보완해 준다. 또한 멸치가루를 넣으면 구수한 맛이 한결 더 좋아져 별미 나물로 그만이다.

재료(2인분)

배추 속잎	15장
소금·통깨·실고추 채	약간
양념	
된장	1/2큰술
멸치가루	1/2작은술
다진 마늘	1작은술
참기름	1/2큰술
깨소금	1작은술

1. 배추 속잎은 끓는 물에 소금을 약간 넣고 데친다.
2. 데친 배추 잎을 결대로 쭉쭉 찢은 후 물기를 꼭 짠다.
3. 그릇에 양념 재료를 넣고 고루 섞어 준다.
4. 볼에 배추 속잎과 실고추 채를 넣고 양념에 고루 버무린다.
5. 통깨를 뿌려낸다.

✎ 멸치가루는 양념과 같이

멸치가루를 따로 넣으면 양념과 겉돌아 맛과 질감이 좋지 않다. 때문에 양념에 미리 섞어 두었다가 재료와 버무리도록 한다. 양념을 미리 만들지 못했다면 멸치가루부터 배춧잎에 넣고 버무린 후 나머지 양념을 넣어야 비리지 않고 고소하다.

시금치무침 + 들깨즙

시금치는 비타민A와 비타민C는 물론 칼슘, 인, 철분, 요오드와 같은 무기질 또한 풍부하다.
특히 엽록소와 철분이 풍부해 변비와 빈혈 예방에 효과가 있다. 단 결석을 일으키는 수산이 들어 있는데
이 성분은 데치거나 참기름, 들기름, 참깨, 들깨 등을 곁들여 먹으면 배출되므로 안심이다.

1. 시금치는 잘 다듬어 씻은 후 끓는 물에 소금을 넣고 데친다.
2. 데친 시금치를 찬물에 헹궈 물기를 꼭 짠 후 먹기 좋게 자른다.
3. 다시마물에 들깨가루를 넣고 잘 갠 후 나머지 양념을 넣고 고루 섞는다.
4. 시금치를 볼에 담고 들깨즙을 넣어 조물조물 무친다.

재료(2인분)

시금치	한 단
소금	약간
양념	
다시마물	2큰술
들깨가루	2큰술
다진 파	1큰술
다진 마늘	1큰술
들기름	1큰술
국간장	약간

✎ **들깨가루는 다시마 우린 물과 함께**

시금치 등 나물을 무칠 때 들깨가루를 그냥 넣으면 까끌까끌하기만 할 뿐 고소한 맛이 우러나지 않는다.
하지만 다시마물에 개어서 넣으면 시금치와 부드럽게 어우러지면서 고소한 맛을 살릴 수 있다.
들깨가루의 맛이 싫다면 참깨와 반씩 섞어 사용해도 좋다.

참나물무침 + 새우가루

참나물은 잎이 세 개 붙어 있어 삼엽채라고도 한다. 여린 순과 잎을 채취하여
나물, 김치, 튀김 등으로 조리하여 먹는데 비타민A, 철분, 칼슘 등이 풍부하다.
새우가루를 곁들여 무쳐 먹으면 성장기 어린이와 골다공증이 걱정되는 여성에게 특히 도움이 된다.

재료(2인분)

참나물	한 줌(150g)
소금·통깨	약간
양념	
소금	1/2작은술
새우가루	1/2작은술
깨소금	1작은술
참기름	1/2큰술
다진 마늘	1/2작은술

1. 참나물은 억센 줄기를 잘라 내고 여린 잎과 줄기만 다듬는다.
2. 끓는 물에 소금을 약간 넣고 참나물을 데친 뒤 찬물에 헹궈 짠다.
3. 재료에 제시된 양념을 고루 섞어 준다.
4. 볼에 참나물과 양념을 넣고 털듯이 가볍게 무친 뒤 통깨를 뿌려 낸다.

✎ **새우가루의 짠맛 조절하기**
새우가루는 건어물이라 짭짤하므로 간을 할 때는 짠맛을 감안하여 소금 양을 조절한다. 새우가루가 너무 말라 양념이 뻑뻑할 때는 물을 약간 섞어 무치기 좋은 농도로 맞추어 사용한다.

재료(2인분)

브로콜리 ········· 1/2송이(150g)
두부 ························· 1/4모
소금 ························· 약간
양념
　땅콩가루 ············· 1큰술
　소금 ··············· 1/2작은술
　참기름 ·············· 1/2큰술
　다진 마늘 ········· 1/2작은술
　간장 ···················· 약간

1. 브로콜리는 잘 씻어 송이를 나눈다.
2. 끓는 물에 소금을 조금 넣고 데친 후 찬물에 헹궈 식힌다.
3. 두부는 끓는 물에 살짝 데친 후 면보에 넣고
　으깨듯이 짜서 보송보송하게 만든다.
4. 양념 재료를 고루 섞는다.
5. 브로콜리와 두부를 고루 섞은 후 양념을 넣고 버무린다.

🥢 잘 섞어서 양념하기
먼저 두부에 양념을 하면 두부의 간이 강해져 브로콜리가 싱거워질 수 있다.
두부와 브로콜리를 잘 섞은 후 양념을 해야 간이 고루 잘 밴다.

두부브로콜리무침 + 땅콩가루

브로콜리는 양배추의 변종으로 비타민C가 레몬의 두 배나 들어 있다.
이 밖에 비타민A, B, 칼륨, 인 등이 풍부하다.
주로 데쳐서 초고추장에 찍어 먹지만 두부, 땅콩, 깨 등을 넣고 나물처럼 무쳐 먹어도 맛있다.

더덕초무침 + 레몬식초

더덕은 인삼과 닮았다 하여 '사삼' 이라 불릴 정도로 약효가 뛰어나다.
폐의 기운을 좋게 하여 가래와 담을 삭히고 기관지 염증이나 기침에 효과가 있다.
레몬 향이 도는 식초에 무쳐 먹으면 잃었던 입맛도 살아난다.

재료(2인분)

더덕	2뿌리
오이	1/2개
통깨	약간

양념

레몬식초	1큰술
깨소금	1/2큰술
유자청	1작은술
다진 마늘	1작은술
소금	1/2작은술

1. 더덕은 껍질을 돌려 가며 벗긴 후 방망이로 두드려 잘게 찢는다.
2. 오이는 5센티미터 길이로 자른 후 반을 갈라 골패 모양으로 썬다.
3. 양념 재료를 고루 섞는다.
4. 볼에 더덕과 오이를 넣고 양념에 살살 버무려 통깨를 뿌려 낸다.

📝 **더덕 껍질 벗기기**
더덕은 진이 나와 껍질 벗기기가 어렵다. 흙을 잘 털어 내고 씻은 후
석쇠에 올려 물기가 가실 정도로 살짝 구운 다음
과도로 살살 돌려 벗기면 진도 나오지 않고 껍질도 잘 벗겨진다.

재료(2인분)
콩나물 ·········· 한 줌 반(150g)
오이 ······················ 1/4개
당근 ······················ 1/6개
청피망 ····················· 1/4개
홍피망 ····················· 1/4개
과즙 겨자장 ··············· 2큰술
호두가루 ·················· 1큰술
소금 ······················· 약간

1. 머리와 끝을 다듬은 콩나물을 잘 씻은 후 옅은 소금물에 데쳐 냉장고에 넣어 둔다.
2. 오이, 당근, 청·홍피망은 콩나물 굵기에 6센티미터 길이로 썬다.
3. 볼에 채소를 고루 넣고 과즙 겨자장에 살살 버무린다.
4. 3에 호두가루를 넣어 가볍게 섞어 준다.

🔖 콩나물 아삭하게 데치기

콩나물을 아삭하게 데치려면 체에 받쳐 끓는 물에 넣고 전체적으로 말갛게 되면 바로 꺼내 찬물에 헹궈 식혀야 한다. 뚜껑을 덮고 찬물에서부터 데치면 아삭한 맛이 없을 뿐만 아니라 양념에 버무리면 실처럼 가늘어져 버린다. 과즙 겨자장을 만드는 방법은 20쪽을 참조한다.

콩나물겨자채 + 호두가루

콩이 가진 영양에다 비타민C를 함유하고 있는 콩나물은 부담없는 반찬거리 중 하나다.
간의 해독을 돕는 아스파라긴산이 들어 있어 숙취 해소에도 좋다. 콩나물은 대개 삶아 무쳐 먹거나
국으로 먹는데, 색다른 콩나물 요리를 먹고 싶다면 호두가루를 곁들여 겨자소스에 버무려 보자.

수삼샐러드 + 유자청드레싱

수삼, 인삼은 양기를 북돋우는 만병통치약으로 알려져 있다.
이들의 약효를 높이려면 부추, 대추, 생강, 닭고기, 마늘 등과 함께 먹는 것이 좋다.
유자청 드레싱과 함께 먹으면 치매 예방 효과도 있다.

재료(2인분)

수삼	1뿌리
양상추	1/4통
오이	1/2개
대추	3알
통잣	약간

유자청 드레싱
유자청	2큰술
레몬 식초	1큰술
물	2큰술
소금	1/2작은술
잣가루	1작은술

1. 수삼은 껍질째 잘 씻어 곱게 비스듬히 썬다.
2. 양상추는 손으로 뜯어 찬물에 담갔다 건진다.
3. 오이와 대추는 돌려깎기한 후 곱게 채 썬다.
4. 유자청 드레싱 재료를 고루 섞어 만든다.
5. 재료를 샐러드 접시에 담고 드레싱과 통잣을 뿌려 낸다.

🏷 껍질에 영양 많은 수삼

수삼의 영양 성분은 속살보다는 껍질에 많으므로 흙을 잘 씻어 껍질째 먹는 것이 좋다.
흙이 잘 안 씻긴다면 수삼을 통째로 찬물에 담갔다가 부드러운 솔로 살살 문질러 준다.
껍질은 먹어도 되지만 약성이 강한 뇌두(인삼의 줄기가 나기 시작하는 머리 부분)는 먹지 않도록 한다.

실부추샐러드 + 매실청

"봄 부추는 인삼하고도 안 바꾼다." 라는 말이 있다.
그만큼 부추는 양기를 돋우는 효능이 강하다. 부추는 각종 비타민과 칼륨 등이 풍부해
생으로 먹으면 좋다. 부추가 억세어지는 늦봄 이후에는 실부추를 이용한다.

재료(2인분)

실부추	반 줌(80g)
오이	1/2개
양파	1/4개
사과	1/4개
드레싱	
매실청	2큰술
식초	1큰술
간장	1큰술
다진 마늘	1작은술
참기름	1큰술
통깨	1 작은술
고춧가루	2작은술

1. 부추는 잘 손질해 씻은 후 5센티미터 길이로 잘라 물기를 없앤다.
2. 오이, 양파는 4~5센티미터 길이로 채 썰어 찬물에 헹군 뒤 체에 밭친다.
3. 사과는 껍질째 4~5센티미터 길이로 채 썬다.
4. 드레싱 재료를 고루 섞는다.
5. 볼에 재료를 고루 섞어 담고 드레싱에 살살 버무려 낸다.

🌾 부추 깔끔하게 손질하기

부추를 생으로 먹을 때는 손질에 주의해야 하는데 부추를 가지런히 하여 밑동을 찬물에 담근 후 씻는다.
밑동이 물에 불어 흙과 이물질이 떨어지면 물에 살살 흔들어 씻는다.
그러면 풋내도 나지 않고 생생하게 씻을 수 있다.

재료(2인분)

단호박 ·················· 1/4통
감자 ············ 중간 크기 1개
양파 ·················· 1/4개
건포도 ·················· 1큰술
땅콩가루 ·················· 2큰술
소금 ·················· 약간
드레싱
  플레인 요구르트 ······ 1/2통
  유자청 ·················· 1큰술
  레몬즙 ·················· 1큰술
  흰 후추 ·················· 약간

1. 단호박과 감자는 찜통에 부드럽게 찐 후 껍질을 벗기고 한입 크기로 썬다.
2. 양파는 곱게 다져 소금을 살짝 뿌려 절인 후 꼭 짠다.
3. 건포도는 잘 씻어 체에 밭쳐 부드럽게 불린다.
4. 드레싱 재료를 고루 섞는다.
5. 감자와 단호박이 따뜻할 때 볼에 재료를 고루 섞어 담고 드레싱에 버무려 땅콩가루를 뿌려 낸다.

🥄 **감자와 단호박은 따뜻할 때 조리하기**
감자와 단호박에 따뜻한 기운이 남아 있어야 부드럽게 으깨지면서 양파와 건포도가 겉돌지 않고 고루 섞인다. 또 드레싱도 잘 스며든다. 다른 재료를 준비하느라 감자와 단호박이 식었다면 전자레인지에 살짝 돌린 후 사용한다.

단호박샐러드 + 땅콩가루

노란 색깔이 먹음직스러운 단호박은 항산화 작용을 하는 카로틴이 풍부하다.
소화 흡수가 잘되는 당질로 이루어져 노약자나 환자에게 부담이 없고,
칼륨이 풍부해 산모나 당뇨, 비만환자에게 효과가 있다.
껍질에는 비타민B와 C군이 풍부하므로 껍질을 너무 저며 내지 않도록 한다.

생각만 바꾸면 효재처럼 살 수 있어요

오랜만에 반가운 비가 주적주적 내리던 봄날 오후, 효재를 만나기 위해 길을 나섰다. 『효재처럼』, 『효재처럼 보자기 선물』, 『효재처럼 살아요』란 책을 한 장 한 장 넘기면서 그녀에 대해 궁금해지는 것들이 생겼기 때문이다.

지금은 유행처럼 번지고 있지만 불과 몇 년 전만 해도 '자연주의', '로하스' 라는 말은 잘 먹고 잘 사는 '웰빙' 이상의 특별한 의미를 지니지 않았다. 하지만 지속가능한 삶을 위해 지구와 환경을 생각하고 생활 속에서 가능한 것들을 실천하는 사람들이 늘어나면서 로하스 리빙은 꿈꾸는 '이상' 이 아니라 '생활' 이라는 생각이 조금씩 자리잡아가는 것 같다. 그리고 그 가운데 효재가 있다. 한국의 마사 스튜어트, 한복 디자이너, 보자기 아티스트 등 다양한 이름으로 불리는 그녀에게서 우리는 '자연주의', '로하스' 를 연상하기 때문이다. 그녀에게 로하스란 무엇인지 물었다.
　"자연주의, 로하스, 에코…… 여러 가지 말로 불리지만 근본은 하나라고 생각해요. 바로 '정신' 이죠. 인스턴트 음식은 절대 먹으면 안 된다고 생각하는 것, 천연재질의 옷을 입고 이불을 덮고 자는 것. 이런 것이 로하스는 아닌 것 같아요. 무엇을 생각하고 어떻게 행동하는가가 중요하지요. 지금 세상에서 라면을 안 먹고 사는 것은 큰 결심

효재네 마당은 늘 맨발로 다녀야 한다. 풀 한 포기, 꽃잎 한 잎이 먹을거리가 되기 때문에 신발을 신고 다니는 것은 절대 금물. 비오는 날은 절대 안 나가지만 멀리 온 객을 위해 기꺼이 모델이 되어 주었다. 웃는 모습이 아름다운 그녀.

을 해야 하는 일이예요. 지구환경을 생각하라며 자동차 타던 사람더러 가마 타고 다니라고 말할 수는 없는 거지요. 대신 제가 먹는 라면은 스프의 반을 덜어 내고 된장 한 스푼을 넣어요. 인스턴트 커피믹스도 우유에 타서 사람들이 따뜻함을 느끼는 온도에 맞춰 내놓지요. 우리가 사는 시대에 맞는 방법으로 지구와 환경을 생각하면 그게 로하스 아닐까요? 사소한 것이라도 긍정의 생각을 지니면 모든 것이 존귀해지지요."

자연을 일궈 집 안팎을 꾸미고 가꾸는 효재를 보며 많은 주부들의 꿈이 '효재처럼 사는 것'이 되었다. 단아하면서도 우아하고 고급스러운 삶…… 하지만 인스턴트 생활의 편리함을 버리기 어렵고 바쁜 생활에 치여 꿈으로만 남겨 둔다. 이런 주부들에게 효재는 말한다.

"노동하면 다 되요. 저는 핸드폰이 걸려올 때마다 청소를 해요. 면봉으로 창틀도 닦고 제자리에 물건 갖다 놓고 수건 걸레를 발로 밀고 다니면서 이방 저방 다 닦아요. 그러면 따로 청소하지 않아도 집이 번쩍번쩍 해요. 청소를 일이라고 생각하니까 일주일에 한 번 할까 두 번 할까 고민하는 거예요. 남의 집 깨끗하다고 부러워할 일이 아니에요."

그녀도 연립주택에 살던 때가 있었다. 그 시절에도 그녀는 베란다에서 토마토도 심어 따먹고, 스티로폼 상자에 호박도 심고, 고추도 심고, 돗나물을 키워 김치도 담가 먹었다며 모든 것은 생각의 차이라고 했다. 여기서 살짝 반감이 생긴다. "회사 다니고 애 보고 그러면 얼마나 힘든데요~."

"궁하면 다 하게 되어 있어요. 제 경우도 운전을 못하니 어디 나갈 수도 없고 집에서 다 해결을 해야 하다 보니 필요한 것은 만들어 쓰고 나뭇잎 하나 돌멩이 하나 가지고도 그릇으로 쓸까 수저

네모반듯한 책상처럼 보이지만, 찻상으로 쓸 수도 있고 의자가
되기도 한다. 모아 놓으면 평상이나 마루가 되니 요모조모 활용
하기 나름. 이곳에 오는 모든 이가 팁을 내는 물건이기도 하다.

천장에서 가는 철사를 늘어뜨려 나뭇잎을 매달았다. 시들면 다른
잎을 따다 또 매달면 된다. 이것이 바빠도 돈 없이도 할 수 있는
효재식 살림살이.

받침으로 쓸까 궁리해 가며 살았던 거예요. 모자
를 만들어 쓰고 페트병을 잘라 자잘한 물건을 수
납하니 어느 날 그게 유행이 되더라고요. 그런데
도 제가 사는 모습을 보고 자연주의라고 하네요.
예전에는 그걸 이상하다고 했는데 다행히도 지금
은 이상함을 독특함으로 봐주는 세상이 됐으니
제가 복이 많은 거죠. 후후."

　살림 이야기를 하다 보니 이야기는 자연스럽
게 음식으로 이어져 요리할 때 특별히 애용하는
천연 양념은 있는지, 집에 아무것도 없는데 불쑥
손님이 찾아오면 무엇을 내가는지 물었다.

　"조미료는 안 써요. 소금만 쓰죠. 나쁜 소금은

간수 빼서 쓰고 좋은 소금 들어오면 아껴서 조금씩
쓰고…… 저도 마트에서 저렴한 소금 사다가 쓰고
그래요. 집에 손님이 찾아올 때요? 선물 들어온 거
보관해 뒀다가 이것저것 만들어 내가지요. 아무것
도 없지는 않아요. 국수라도 있을 테고 라면이라도
있어요. 컵라면 끓여서 그릇에 담아 내가면 어때
요. 남을 헤아리는 마음이 중요한 거예요."

　이런 저런 이야기를 나누다 보니 어느덧 해가
뉘엿뉘엿 지기 시작한다. 자리를 털고 일어나기
전 마지막으로 앞으로 하고 싶은 꿈에 대해 이야
기를 나눴다.

　"원래는 혼자 있는 걸 좋아하고 낯가림이 심한
성격이에요. 혼자 있는 시간이 소중해 밤이 아까

보자기로 포장한 여러 가지 물건들. 병은 병대로, 바구니는 바구니대로 멋스럽게 포장해 놓았다. 선물보다 보자기 포장 자체가 탐날 정도.

워 아침잠을 자곤 하지요. 지금도 찾아오는 사람 친절하게 맞아 주고 글 쓰는 것과 방송활동 외에는 밖에 나가지 않아요. 모임 같은 걸 하지 않고 텔레비전도 보지 않기 때문에 상대적으로 시간에 여유가 있어요. 그래서 책은 앞으로도 힘이 닿는 한 계속 낼 거예요. 말과는 달리 글이라는 것은 큰 힘을 가지거든요. 밤하늘에 별 같은 거예요."

지금까지 나는 "효재처럼 살고 싶다"는 말이 멋진 집에서 예쁘게 꾸미며 살고 싶다는 것이라 생각했지만 그녀를 만나면서 생각이 달라졌다. 효재의 살림이 멋스러운 건 그녀의 능수능란한 손놀림과 감각 덕분이 아니라 보잘 것 없고 버려진 것에도 숨을 불어넣어 쓰임새 있는 존재로 만들어 놓기 때문이다. 효재는 생각의 생각, 말속의 말, 스쳐 지나가는 모든 것을 행복하게 만드는 재주가 있다. 누군가와 함께 한다는 것, 누군가를 위해 준비한다는 것이 참으로 행복하다는 것을 삶으로 보여 준다. 효재처럼 산다는 것? 그것은 아마 '겉으로 보이는 화려함이 아니라 자연과 인간을 생각하는 마음, 사람을 사랑하고 나 자신을 사랑하는 일'에서 시작되는 것은 아닐까 생각해 본다.

CHAPTER 03

볶음, 전, 구이

볶음이나 전, 구이 등을 요리할 때도 궁합에 맞는 천연조미료를 활용하면 맛이 깊고 고급스러워진다. 가지를 볶을 때는 깨장이, 버섯과 피망을 볶을 때는 고추기름이 어울린다. 달걀김말이를 할 때 말린 채소 칩을 활용하면 번거롭게 채소를 준비하지 않아도 휘리릭 상차림을 할 수 있다. 음식 하나를 만들더라도 그에 맞는 천연조미료를 넣어 부족한 영양과 맛을 채우는 특별한 요리를 만들어 보자.

가지볶음 + 깨장

가지는 떫은맛이 강하므로 물에 잘 헹군 뒤 조리해야 한다.
안토시아닌이란 항암 성분은 주로 꼭지와 껍질에 들어 있으며 가열해도 잘 파괴되지 않는다.
중국의 고의서 『본초강목』에는 가지에 대해 "피를 맑게 하고 통증을 완화시키며 부기를 빼 준다."고 적혀 있다.
가지의 지방 함량은 무시해도 될 수준이지만 스펀지 구조라 지방을 훨씬 잘 흡수한다.
가지의 안토시아닌은 지용성이라 기름과 같이 조리하는 것이 좋으나 기름 사용량에 주의한다.

재료(2인분)

가지 ······························· 1개
매운 꽈리고추 ··············· 5개
홍고추 ···························· 1개
양파 ······························· 1/4개
마늘 ······························· 1톨
통깨·마늘 포도씨오일 ··· 1큰술
양념
 ┌ 깨소금 ······················ 2큰술
 │ 간장 ·························· 1큰술
 ┤ 매실청 ······················ 1작은술
 │ 청주 ·························· 1작은술
 └ 참기름 ······················ 약간

1. 가지는 4센티미터 길이로 자른 후 4등분하여 썬다.

2. 양파, 홍고추는 3센티미터 길이로 굵게 채 썬다.

3. 마늘은 편 썰고 꽈리고추는 잘 씻어 꼭지를 딴다.

4. 달군 팬에 포도씨오일을 두르고 마늘과 양파를 볶아 향을 낸 후 양념 재료를 먼저 넣고 자글자글 볶는다.

5. 4에 가지와 꽈리고추, 홍고추를 넣고 재빨리 볶아 한 김 식힌 후 통깨를 뿌려 낸다.

✎ **가지 깔끔하게 조리하는 법**

가지는 약한 불로 오래 볶으면 수분이 나와 물러지고 색깔이 검어지므로 센 불에서 짧게 조리한다.
양념을 먼저 볶아 농도를 맞추고 향을 내면, 조리 시간이 짧아지고 가지에 간이 고루 밴다.

버섯피망볶음 + 고추기름

버섯에는 베타클루칸이란 항암 성분이 함유되어 있다. 섬유질도 풍부해 대장암 예방에 효과가 있다.
한 팩을 먹어도 칼로리는 거의 제로에 가까워 다이어트에도 도움이 된다.
매콤한 향의 고추기름에 볶으면 풍미가 더욱 좋아져 별미 반찬으로도 충분하다.

재료(2인분)

느타리버섯 ········· 한 줌(100g)
청피망 ···················· 1/4개
홍피망 ···················· 1/4개
양파 ····················· 1/4개
소금 ······················· 약간
고추기름 ·················· 1큰술
참기름 ·················· 1작은술
양념
　다진 파 ··············· 1/2큰술
　다진 마늘 ············· 1작은술
　소금 ················· 1/2작은술
　깨소금 ··············· 1작은술
　후춧가루 ················· 약간

1. 느타리버섯은 끓는 소금물에 살짝 데쳐 물기를 없애고 2~3가닥으로 찢는다.
2. 청·홍피망과 양파는 4~5센티미터 길이로 곱게 채 썬다.
3. 팬에 고추기름을 두르고 다진 파, 마늘을 볶아 향을 낸다.
4. 3에 버섯을 넣고 센 불에서 노릇하게 볶다가 양파와 피망을 넣고 재빨리 볶는다.
5. 버섯과 피망이 어우러지면 소금, 깨소금, 후추를 넣고 볶는다.
6. 참기름을 두른 후 넓은 접시에 한 김 식혀 낸다.

🍃 **버섯 맛깔나게 조리하기**

버섯은 수분이 빠지지 않게 반드시 센 불에서 볶고, 볶은 후에는 잘 식혀 겉물이 도는 것을 막는다. 또 버섯이 노릇할 때까지 충분히 볶아야 버섯의 풍미를 제대로 느낄 수 있다. 많은 양을 요리할 때는 잡채를 할 때처럼 버섯만 따로 볶아 식힌 후 마지막에 양념을 넣어 버무리기도 한다.

감자채볶음 + 표고버섯가루

감자는 비타민이 사과보다 풍부하다. 또한 전분질로 둘러싸여 있어 가열을 해도 영양소가 덜 파괴된다.
암을 억제하는 폴리페놀 성분과 항 궤양 작용을 하는 아트로핀이 들어 있어 위장 장애가 있는 사람에게
특히 도움이 된다. 버섯류와 함께 먹으면 비만 치료에도 효과가 있다.

1. 감자는 껍질을 벗겨 곱게 채 썬 후 찬물에 담가 둔다.
2. 양파와 피망도 감자 길이로 곱게 채 썬다.
3. 달군 팬에 마늘기름을 두르고 감자를 볶는다.
4. 감자가 말갛게 익기 시작하면 표고버섯가루를 넣고 볶는다.
5. 양파 채, 피망 채를 넣고 소금, 후추 간을 한 후 통깨를 뿌려 낸다.

재료(2인분)

감자	중간 크기 1개
양파	1/4개
피망	1/4개
마늘기름	1큰술
표고버섯가루	1작은술
소금	1/2작은술
후춧가루·통깨	약간

✎ 감자의 녹말 성분은 요리를 힘들게 한다

감자의 녹말 성분을 제거하지 않으면 볶을 때 팬에 달라붙으므로 귀찮더라도 녹말을 제거하고 요리해야 깨끗하
다. 시간이 없어 물에 담가 두기 힘들다면 체에 밭쳐 흐르는 물에 여러 번 헹군다. 짧은 시간 안에 녹말 성분을
제거할 수 있는 생활의 지혜다.

양송이오이볶음 + 로즈메리오일

양송이버섯은 면역기능을 활성화시키는 베타글루칸이 풍부하고
버섯 가운데 비타민B₂가 가장 많아 5~6개면 성인이 하루에 필요한 비타민B₂를 보충할 수 있다.
오이와 곁들여 로즈메리향의 기름에 볶으면 맛이 그만이다.

재료(2인분)

양송이	5개
청오이	1/2 개
홍고추	1/4개
로즈메리오일	1큰술
다진 마늘	1작은술
소금, 통깨	약간씩

1. 양송이는 흐르는 물에 살짝 씻어 모양을 살려 저민 후 소금물에 살짝 데친다.
2. 오이는 잘 씻어 동그랗게 썬 후 소금에 절이고 찬물에 헹구어 물기를 짠다.
3. 홍고추는 씨를 털어 내어 곱게 채 썬다.
4. 달군 팬에 로즈메리오일을 두르고 마늘을 볶아 향을 내고 오이를 넣고
   센 불에서 볶는다.
5. 오이가 익기 시작하면 양송이와 홍고추를 넣고 재빨리 볶아 소금으로 간을
   한 후 불을 끄고 통깨를 뿌린다.

✎ 식재료의 수분 잡기

오이, 양송이 모두 센 불에서 단시간에 볶아야 색이 탁해지는 것과 수분이 나오는 것을 막을 수 있다. 양송이를
끓는 물에 미리 데치면 조리 시간이 단축되어 수분이 나오는 것을 막을 수 있다. 오이는 색이 선명하게 변하자
마자 나머지 재료를 넣어야 영양 파괴를 줄일 수 있다.

삼치구이 + 깨소스

고등어와 함께 대표적인 등푸른 생선인 삼치는 DHA, EPA 등이 풍부하다. 살이 담백하여 구이나 조림용으로 많이 사용된다. 삼치를 고를 때는 등쪽의 푸른 반점이 광택이 있고 뚜렷한 것이 좋다. 또 배 부위가 처지지 않고 40센티미터 이상인 것을 고르는 것이 좋다.

재료(2인분)

삼치 ························· 1/2마리
마늘기름 ···················· 약간
깨소스
　깨소금 ·················· 2큰술
　다시마물 ················· 1큰술
　청주 ···················· 1큰술
　참기름 ················· 1작은술
　다진 파 ················ 1작은술
　다진 마늘 ············ 1/2작은술
　간장 ·················· 1작은술
　후춧가루 ················· 약간

1. 삼치는 비늘과 지느러미, 머리를 제거하고 길게 배를 갈라 내장을 제거한다.
2. 살만 발라낸 후 등쪽에 잔 칼집을 넣는다.
3. 깨소스를 만들어 손질한 참치에 1시간 정도 재워 둔다.
4. 달군 팬에 마늘기름을 두르고 살 쪽부터 노릇하게 구어 뒤집는다.
5. 중간 불로 충분히 구워 낸 후 접시에 담아낸다.

✎ **살 쪽부터 구워야 깔끔한 생선구이**

삼치는 맛이 담백하여 여러 가지 소스에 재워 먹으면 좋다. 껍질 쪽에 잔 칼집을 넣어 주면 간이 더욱 빨리 밴다.
생선을 구울 때는 살 쪽부터 구워야 껍질이 오그라들어 살이 부서지는 것을 막을 수 있다.

병어구이 + 생강청주소스

병어는 대표적인 봄철 생선이다. 단백질이 풍부할 뿐만 아니라 고소하고 달콤한 살 맛 때문에
아이들도 좋아한다. 비린 맛이 적어 회나 무침, 구이 등에 다양하게 사용된다.
지방이 살짝 낀 뱃살 부위가 가장 고소하다.

재료(2인분)

병어(중간 크기)	1마리
마늘기름	1큰술
굵은 소금	약간
생강 소스	
├ 물	2큰술
│ 간장	1큰술
│ 생강 청주	1큰술
│ 다진 청·홍고추	1/2개 분씩
└ 후춧가루	약간

1. 병어는 비늘을 긁어 내고 아가미로 내장을 빼낸다.
2. 소금물로 씻어 앞뒤로 칼집을 넣는다.
3. 생강 소스를 만들어 1시간 정도 재워 둔다.
4. 손질한 병어를 채반에 넣어 겉면이 살짝 굳어지도록 말린다.
5. 기름 두른 팬에 병어를 넣고 소스를 덧바르며 노릇하게 구워 낸다.

🖋 말리면 더 맛있는 병어

병어를 살짝 말리는 이유는 살이 연하고 담백해 부서지기 쉽기 때문이다. 생강소스에 재우지 않고 굵은 소금을
앞뒤로 흩뿌려 살짝 굳어지도록 말렸다 구워도 살이 떨어지거나 부서지지 않은 짭짜름한 병어 구이가 된다.
구울 때 양념을 덧발라 가며 구우면 더욱 윤기나게 구울 수 있다.

고등어구이 + 솔잎청주

고등어는 '바다의 보리'라고 부를 만큼 서민 밥상에 유용한 생선이다. EPA와 DHA가 풍부하다고 엄마들이 밥상에 너무 자주 올려 한 때 고3 학생들이 가장 싫어하는 음식으로 꼽히기도 했다. 비린 맛이 조금 강한 단점이 있지만 솔잎, 생강, 후추 등 향이 강한 향신채를 같이 사용하면 맛있게 먹을 수 있다.

재료(2인분)

고등어 ·················· 1/2마리
솔잎청주 ················· 2큰술
굵은 소금 ················· 약간
후춧가루 ················· 약간

1. 고등어는 3장 포 뜨기로 손질하여 살만 발라낸다.
2. 손질한 고등어에 솔잎청주와 굵은 소금, 후추를 잘 섞어 뿌린 후
   1시간 정도 재운다.
3. 달군 팬에 기름을 두르고 고등어를 노릇하게 구워 낸다.

✎ 생선 비린내 잡기

고등어처럼 등푸른 생선은 비린 맛이 강하고 빨리 상한다. 따라서 살균 작용과 비린 맛 제거에 효과가 있는
깻잎이나 생강, 레몬 등과 함께 조리하도록 한다. 솔잎청주에 소금과 후춧가루를 잘 녹여 뿌려 두면 간이 고루
배고 단시간에 비린내가 없어진다.

재료(2인분)

방사 유정란 ················· 3알
모둠 채소칩 · 1큰술(27쪽 참조)
김 ······························· 1장
다시마물 ·················· 5큰술
마늘기름 ·················· 1큰술
소금·후춧가루 ············ 약간

1. 달걀 3알을 볼에 넣고 깨뜨린 후 다시마물, 채소칩, 소금, 후춧가루 약간을 고루 섞어 체에 내린다.

2. 달군 팬에 기름을 두르고 달걀 물을 부어 60퍼센트 정도 익혀 낸다.

3. 돌돌 말기 전에 김을 깔고 한쪽 끝부터 돌돌 말아 붙인다.

4. 남은 달걀 물을 부어 켜가 생기도록 돌돌 말아 익혀 낸다.

5. 따뜻할 때 김발로 모양을 잡아 식힌 후 썬다.

✎ 달걀말이 예쁘게 만들기

달걀말이를 할 때 기름을 너무 많이 두르면 달걀말이의 표면이 울퉁불퉁해지므로 팬 표면을 코팅시킨 후 남은 기름은 종이타월로 닦아 내는 것이 좋다. 다 구운 달걀말이는 바로 썰면 모양이 흐트러질 수 있으니 김발로 모양을 잡고 한 김 식힌 후 썰도록 한다.

달걀김말이 + 채소칩

최근 유기농에 대한 관심이 높아지면서 달걀 또한 논란이 많다. 사람도 양질의 좋은 것을 먹어야 건강한 아이를 낳을 수 있듯, 닭도 좋은 환경에서 자라야 신선한 알을 낳을 수 있다. 조금 비싸긴 하지만 이것이 '무항생제 축산물' 또는 '유기농산물' 마크가 있는 유정란을 사야 하는 이유다. 달걀에 들어 있는 레시틴은 두뇌 활동을 돕고 몸속 콜레스테롤 수치를 떨어뜨린다. 말린 채소칩을 넣으면 색깔도 예쁘고 영양도 균형 잡힌 달걀말이를 만들 수 있다.

채소모둠전 + 들깨가루

냉장고 속을 정리하다 보면 항상 먹다 남은 자투리 채소들이 남아 있게 마련이다.
이럴 땐 카레나 조림, 전 등의 조리법으로 남은 재료들을 처리할 수 있다.
채소는 밭에서 따는 순간부터 영양소가 파괴되므로 쓰고 남은 채소들은 최대한 빨리 섭취해야
영양의 손실을 최소화할 수 있다.

재료(2인분)

애호박 ···················· 1/4개
감자 ····················· 1/2개
연근 ····················· 1/4개
당근 ····················· 1/5개
소금 ······················ 약간
마늘기름 ·················· 적당량
부침옷
{ 밀가루 ················· 1/2컵
  다시마물 ················ 1/2컵
  들깨가루 ············· 2작은술
  소금 ··················· 약간
초간장
{ 간장 ··················· 1큰술
  물 ···················· 1큰술
  식초 ················· 1작은술
  매실청 ··············· 1작은술
  고춧가루 ············· 1작은술

1. 애호박과 당근은 먹기 좋은 크기로 동글동글 썰어 소금물에 담갔다 건진다.
2. 연근과 감자는 껍질을 벗기고 동그랗게 썰어 끓는 물에 살짝 데쳐 건진다.
3. 밀가루, 다시마물, 들깨가루, 소금을 섞어 부침옷을 만든다.
4. 애호박, 감자, 연근에 밀가루를 살짝 입힌 뒤 부침옷을 입힌다.
5. 달군 팬에 기름을 두르고 앞뒤로 노릇하게 지져 초간장과 곁들여 낸다.

🖎 전 부치기 전에 살짝 데치기

연근과 감자, 고구마 같이 전분질이 많은 채소는 전을 하기 전 미리 한번 데치는 것이 좋다.
전분은 익는 시간이 많이 걸려 생으로 지질 경우 부침옷은 타고 속은 설익어 식감이 좋지 않을 수 있다.
전을 채반에 놓을 때는 간격을 떨어뜨려 놓아야 부침옷이 벗겨지지 않는다.

우엉찹쌀전 + 현미가루

우엉은 섬유질이 풍부하고 소화흡수가 느린 당질인 이눌린으로 구성되어 있어 당뇨환자에게 좋다. 보통 조려 먹거나 볶는 조리법을 이용하지만 지방에 따라 전을 부치거나 생채로 먹거나 김치를 담가 먹기도 한다. 현미가루와 찹쌀가루를 넣고 전을 하면 고소하고 이색적인 느낌의 별미전이 된다.

재료(2인분)
우엉	1/2대
찹쌀가루	3큰술
현미가루	3큰술
소금·우엉 찐 물	적당량
마늘기름	적당량
초간장	
청양고추	1개
청고추	1개
홍고추	1개
국간장	2큰술
식초	1큰술

1. 우엉은 잘 손질하여 5센티미터 길이로 반을 갈라 김이 오른 찜통에 살캉거리게 찐다.
2. 찹쌀가루와 현미가루는 우엉 찐 물과 소금을 약간 넣고 되직하게 반죽한다.
3. 찐 우엉을 방망이로 두들겨 넓게 편 후 2를 앞뒤로 고르게 바른다.
4. 달군 팬에 기름을 두르고 3을 앞뒤로 노릇하게 지진 후 초간장을 곁들여 낸다.

✒ 우엉은 한 번 찐 다음에 전을 부친다

우엉은 생으로 전을 부치면 뻣뻣해서 먹을 수가 없다. 하지만 한 번 찐 후 방망이로 두들겨 펴면 더덕같이 보풀이 일어 먹기가 수월해진다. 우엉에 입힐 부침옷은 찹쌀이 들어가므로 농도가 되직해야 부칠 때 늘어지지 않는다.

우리에겐 '안전한 먹거리'를
제3세계에는 '빈곤 퇴치'를……

Lohas Shop
두레생협연합회

네그로스섬은 한국에서 그리 멀지 않은 동남아 필리핀에 있는 섬입니다. 이 섬은 땅의 대부분이 사탕수수 밭이어서 오래 전부터 사탕수수 섬으로 불렸습니다. 드넓은 사탕수수 밭이 보여 주는 풍경은 멋진 이국적 경치 그대로이죠. 하지만 이 섬에 사는 사람들의 삶은 풍경처럼 멋지거나 사탕수수처럼 달콤하거나 부드럽지 못하였습니다. 제3세계의 가난한 다른 지역들처럼 이곳도 오랫동안 빈곤의 악순환이 계속되고 있었죠.

민중교역의 시작

두레생협은 민중교역을 위하여 2004년에 APNet (Alternative People's Network for Peace and Life)을 세워 이 네그로스 섬 사탕수수 영세농민들과 민중교역을 시작하였습니다. 화학농약과 정제방식, 다국적기업의 이윤추구로 농민들을 계속 빈곤하게 만들었던 흰 정제설탕 대신 유기농업과 재래방식, 정당한 생산대금으로 농민들의 자립 추구가 가능한 마스코바도 흑설탕을 교역하게 된 것입니다. 생협을 통해 생명살림운동을 전개해 온 한국 소비자들이 이젠 그 살림운동을 국제적으로 확산해 나간다는 의미입니다. 즉 생협 소비자가 유기농 생산자와의 직거래를 통해 죽어가던

두레생협은 민중교역을 통해 네그로스 사탕수수 생산자와 교류하고 있습니다.

땅과 생산자, 소비자 모두를 살리는 생명살림운동을 펼쳐 왔는데 이를 제3세계 생산자와의 관계로 확대하여 전 지구적으로 땅과 사람을 살리는 생명운동을 전개해 나간다는 것입니다. 민중교역은 이렇게 소비자와 생산자가 교역을 통해 연대하는 국제생명살림운동을 뜻합니다.

민중교역 안에는 세 가지 교류가 있습니다. 이 세 가지 교류를 통해 민중교역이 이루어지는데 물품 교류, 사람 교류, 프로젝트기금 교류가 그것입니다.

첫 번째 물품 교류를 통해 소비자는 안전한 먹을거리를 제공받고 생산자는 소비자로부터 오는 정당한 생산대금으로 다시 농사를 짓고 생계를 유지해 나가게 됩니다. 민중교역의 가장 기본이 되는 교류입니다.

두 번째 사람 교류를 통해 생산자와 소비자는

교류기금으로 농민들이 구입한 트럭 앞에서

가깝고 친밀한 그래서 서로에 대해 신뢰하고 배려해 줄 수 있는 관계를 이루게 됩니다. 즉 소비자와 생산자가 직접 만남으로써 마스코바도 설탕이 단지 물품으로만 보이지 않고 그 속에 네그로스 생산자의 피와 땀이, 그리고 그들의 미래가, 더 나아가 지구의 미래가 담겨 있음을 볼 수 있게 되고 생산자는 소비자들의 방문을 통해 격려 받고 더욱 더 유기농과 자립의 의지를 키울 수 있게 됩니다. 이러한 호혜적 관계는 지속적 연대를 이루기 위한 아주 탄탄한 토대를 마련해 줍니다. 특히 이곳 네그로스의 농민들에게 이러한 한국 소비자의 방문 교류는 또 다른 의미를 갖고 있습니다. 이제까지 자신에 대한 자긍심을 가져 보지 못하고 살아 왔는데 처음으로 동등하게 대우받고 있음을, 사람으로서 자신에 대한 자긍심을 회복하게 하는 계기가 되기도 하기 때문입니다.

세 번째 프로젝트기금 교류. 민중교역은 적정한 물품대금 지불에만 끝나지 않고 사탕수수 생산자들의 생산성 향상을 위하여, 좀 더 나은 삶의 질을 위하여 사회개발 프로젝트를 지원합니다. 현재 네그로스에선 2006년부터 시작된 네그로스 프로젝트(정식 명칭 : 생산성 향상과 여성참여 증진을 위한 프로젝트 Enhancing Productivity and Women Participation among Communities of Small Organic Sugarcane Producers of Negros)가 실행되고 있는데요. 이는 마스코바도 설탕 한 봉지당 들어 있는 교류기금으로 실행이 된 것입니다. 즉 소비자조합원이 마스코바도 설탕 한 봉지를 살 때마다 재생산과 생계를 위한 대가가 가고, 자립에 필요한 사회적 기반을 마련하는 데 쓰일 일정액의 교류기금이 축적됩니다. 일반 정부나

네그로스 사탕 생산지에서 일하고 있는 여성 노동자들입니다.
네그로스 프로젝트에는 여성의 참여를 증진시켜 보다 나은 삶의 질 향상을 꾀하고 있습니다.

기업체에서도 사회적 기반을 마련하기 위한 프로젝트들을 하는데요. 이는 주로 다국적 기업이 자기 사업을 쉽게 할 수 있도록 만드는 공항이나 항만, 도로 등을 짓는 것입니다. 이와 달리 사회적 기반을 마련하기 위해 두레생협이 쓰는 민중적 방식은 생산자들의 자립과 공동체를 살려 내기 위해 필요한 것들을 지원하는 것입니다.

네그로스 프로젝트는 트랙터, 관개펌프와 파이프, 염소와 돼지, 우물, 드레스 숍, 건강 센터 등이 프로젝트로 실행됩니다. 우물이 없어서 여자들과 아이들이 하루에도 몇 차례씩 물을 길러 가야 하는 지역엔 우물이 설치되고, 논밭에 물을 대지 못하여 농사짓는데 어려움을 겪었던 곳에는 관개펌프가 지원됩니다. 현재 네그로스에서는 사탕수수 하나에만 의존하는 단작농업에서 다각영농으로 전환하는 중인데 다각영농을 위한 관개시설 설치, 트랙터, 그리고 가축, 우물, 드레스 숍, 건강 센터 등 이 모든 것들은 공동체의 자립을 돕고 친환경적으로 그리고 유기적으로 생산을 하기 위해 필요한 것들입니다.

앞으로 나아갈 길

네그로스 프로젝트를 기반으로 네그로스 생산자들은 앞으로 더욱 자립과 유기농업의 길로 나아갈 수 있을 것입니다. 여기서 끝나지 않고 11개 생산자조직은 네그로스 프로젝트를 통해 받았던 혜택을 다른 생산자들도 받을 수 있게 하기 위해 프로젝트 기금을 다시 상환하는 방식을 채택하는 연대의식을 보여 주고 있습니다. 설탕 한 봉지가 이루어 내는 큰 변화의 모습들이라 하겠습니다.

2006년 6월부터는 팔레스타인 올리브오일 영세농민들과 올리브오일을 통한 민중교역을 하고 있습니다. 팔레스타인 올리브오일은 마스코바도 설탕에 이은 두 번째 민중교역제품으로 생존의 위협을 받고 있는 팔레스타인 농민의 생존과 자립을 지원하고 있습니다.

이상에서 보듯 민중교역은 물품 교류, 사람 교류, 프로젝트기금 교류를 통해 더 나은 사회를 만들고자 하는 소비자와 생산자의 꿈을 현실로 만들어 냅니다. 네그로스의 실제 변화하는 모습은 우리에게 꿈은 꿈만으로 끝나지 않는다는 희망적 메시지를 보내 주고 있습니다. 민중교역은 우리의 좀 더 나은 삶과 지속가능한 사회를 위한 새로운 실천적 대안들 중의 하나입니다. 우리의 꿈과 대안적 실천들이 모여 좀 더 살만하고 평화로운 세상이 빨리 오길 꿈꿔 봅니다.

유기농법으로 생산된 설탕을 위생적인 조건 아래에서 포장합니다.

네그로스 아이들, 사진을 찍는다 하자 제각기 포즈를 취해 주네요.

두레생협연합회는?

'생명가치' 에 중심을 두고 조합원이 사업주체가 되어 보육과 육아 문제, 믿을 수 있는 의료체계, 생태적인 생활을 영위할 수 있는 '마을' 만들기 등 다양한 대안들로 생활영역을 친환경 생활무대로 만들어 가는 생활협동조합입니다. http://www.dure.coop

CHAPTER 04

찜, 조림

흔히 요리에 자신이 없는 주부들은 찜이나 조림을 상당히 어려워 한다.
손도 많이 가고 맛을 내기도 쉽지 않기 때문이다. 하지만 찜이나 조림은 채소는 물론 해산물, 어류 등
다양한 재료를 한꺼번에 섭취할 수 있고 식탁을 풍성하게 만든다. 천연조미료를 사용하면
재료의 비린 맛을 없앨 수 있을 뿐 아니라 국물이나 양념의 맛을 진하게 하므로 자신있게 도전해 보자.

우엉표고찜 + 들깨가루

우엉에는 식이섬유가 100그램 중 8.5그램이나 들어 있다. 근채류 가운데 가장 많은 양이다.
이 중 리구닌, 셀룰로스와 같은 물에 녹지 않는 식이섬유의 작용이 주목받고 있다.
한방에서는 우엉의 씨를 열성 체질의 두통, 인후염, 피부병 치료제로 쓴다. 하지만 성질이 매우 차서 하루
12그램 이상은 처방하지 않는다고 하니 설사를 자주 하거나 속이 냉한 사람은 많이 먹지 않는 것이 좋다.

재료(2인분)

우엉	1/2대
불린 표고	2장
다시마 5×5cm	1장
식초	1큰술
들기름	1큰술
다진 마늘	1작은술
국간장	1작은술
소금	약간
들깨 국물	
⎰ 들깨가루	2큰술
⎱ 찹쌀가루	1/2큰술
⎰ 다시마물	1컵

1. 우엉은 껍질을 벗기고 어슷하고 도톰하게 저며 썬다.

2. 끓는 물에 식초를 넣고 1의 우엉을 3분 정도 데친 뒤 그대로 체에 밭쳐 물기를 뺀다.

3. 불린 표고는 4~6등분하고 다시마는 흰 가루를 닦아 내고서 5밀리미터 두께로 잘라 놓는다.

4. 볼에 들깨가루와 찹쌀가루를 섞고 다시마물을 부어 멍울이 지지 않게 풀어 놓는다.

5. 냄비에 들기름을 넣고 다진 마늘, 우엉과 표고를 볶아 우엉을 말갛게 익힌다.

6. 다시마 채와 들깨국물을 넣고 뚜껑을 덮은 후 중간 불에서 충분히 익혀 낸다.

✎ **찜에는 들깨가루와 찹쌀가루를 함께**

들깨가루와 찹쌀가루를 섞어야 찜 국물이 되직하면서도 우엉이 껄끄럽지 않고 부드럽게 씹힌다.
들깨국물을 붓기 전에 재료를 미리 볶는 것도 중요한데 재료를 미리 볶으면
들깨국물을 부었을 때 훨씬 고소한 맛을 느낄 수 있다.

달걀찜 + 새우가루

비싸더라도 무정란보다는 유정란을 사용하는 것이 좋다. 영양소는 별반 차이가 없지만
방사 상태로 유기 인증사료를 먹여 키운 닭의 알과 좁은 닭장 속에서 인공조명 아래 자란 닭의 알은
영양소로는 말할 수 없는 생명력의 차이가 있다. 새우가루나 멸치가루 등 칼슘이 풍부한 식품과
곁들여 먹으면 성장기 아이들의 영양에 도움이 된다.

1. 달걀은 잘 깨뜨려 다시마물에 푼 뒤 체에 거른다.
2. 새우가루와 소금, 후추 약간을 넣고 송송 썬 실파를 약간 섞어 준다.
3. 찜 그릇에 올리브오일을 약간 발라 주고 2의 달걀 물을 8부 정도
   조심스럽게 붓는다.
4. 김이 오른 찜통에 넣거나 중탕으로 15분 정도 익혀 낸다.

재료(2인분)
방사 유정란 ………………… 2개
다시마물 …………………… 1/2컵
새우가루 …………………… 1작은술
실파 ………………………… 1대
소금·후춧가루·올리브오일 … 약간

🥄 부드럽고 깔끔한 달걀찜 만들기
달걀찜을 할 때 뚜껑을 마른 행주로 싸서 찌면 기포가 떨어지지 않아 달걀 표면이 고르게 된다.
또 불이 너무 세면 표면이 거칠고 구멍이 생긴다. 중간 불로 익혀야 질감이 부드럽다.

양배추말이두부찜 + 말린채소칩

양배추는 올리브, 요구르트와 함께 서양의 3대 장수 식품으로 꼽힌다.
항궤양성 비타민인 비타민U가 들어 있어 오랫동안 꾸준히 섭취하면 위궤양, 십이지장궤양이 완화된다.
양배추 잎에 두부 소를 넣고 살짝 쪄 먹으면 든든한 다이어트 야식으로 손색이 없다.

재료(2인분)

양배추잎	5~6장
두부	1/2모
말린 채소칩	1큰술
소금·후춧가루·녹말가루	약간

소스

간장	1큰술
물	1큰술
식초	1/2큰술
고춧가루	1작은술
매실청	1/2작은술

1. 양배추는 끓는 소금물에 부드럽게 데쳐 물기를 제거하고 7센티미터 너비의 직사각형으로 자른다.
2. 두부는 곱게 으깨어 물기를 없애고 말린 채소칩, 소금, 후추를 넣고 버무려 둔다.
3. 양배추 위에 녹말가루를 뿌리고 두부 소를 올려 돌돌 말아 고정한다.
4. 김이 오른 찜통에 살짝 쪄 한 입 크기로 잘라 초간장을 곁들여 낸다.

🥢 양배추 아삭하게 데치기

양배추의 잎 부분은 조직이 연해 너무 오래 데치면 물러진다.
아삭하게 먹고 싶다면 두꺼운 줄기 쪽부터 넣고 데치다가 잎 부분은 살짝만 데친 후 재빨리 꺼내 식힌다.
두부 소에 말린 채소 칩을 넣고 양념을 하면 두부에 생긴 수분을 흡수하여 소가 질어지는 것을 막을 수 있다.

재료(2인분)

꽈리고추 ·················· 15개
대구살 3×4포 ··········· 5장
콩가루 ····················· 2큰술
밀가루 ····················· 1큰술
대구살 밑간
　{ 생강청주 ··········· 1작은술
　{ 소금·흰 후춧가루 ······ 약간
양념장
　{ 간장 ················· 1큰술
　{ 매실청 ················ 2큰술
　{ 참기름 ··············· 1/2큰술
　{ 고춧가루 ············· 1작은술
　{ 다진 마늘 ··········· 1작은술
　{ 다진 청·홍고추 ·· 1/2큰술씩

1. 꽈리고추는 잘 씻어 꼭지를 떼고 물기를 없앤다.
2. 대구살은 꽈리고추와 비슷한 크기로 잘라 분량의 재료로 밑간한다.
3. 제시한 분량대로 양념장 재료를 섞어 양념장을 만든다.
4. 콩가루와 밀가루를 고루 섞어 체에 내린다.
5. 꽈리고추와 생선살을 4의 가루에 고루 버무린다.
6. 김이 오른 찜통에서 고추 표면의 가루가 말갛게 될 때까지 찐 후
　 양념에 고루 버무려 낸다.

✎ 꽈리고추 맛깔나게 찌기
꽈리고추를 파랗게 찌려면 김이 오른 찜통에서 5분 정도 찐 후 불을 끄고 뚜껑을 열어 뜸을 들이면 된다.
너무 오래 뚜껑을 닫고 찌면 고추가 누렇게 변해 식감이 떨어지니 주의하도록 한다.
가지나 애호박도 같은 방법으로 찌면 선명한 색을 유지할 수 있다.

꽈리고추생선살찜 + 콩가루

고추의 캡사이신은 몸을 따뜻하게 하고 피부를 자극하는 효과가 있어
입맛을 잃은 사람이나 기초 대사량이 떨어지는 사람에게 좋다.
비타민A와 C가 비교적 많이 들어 있어 생식해도 좋고 기름에 볶아 먹어도 좋다.

흰콩멸치조림 + 만능간장

콩에는 단백질뿐만 아니라 이소플라본이 많이 들어 있어 여성들의 갱년기 증상 완화와 골다공증 예방, 피부 미용, 다이어트에 효과가 있다. 멸치와 곁들여 먹으면 폐경기증상 완화에도 좋다.

재료(2인분)

흰콩	1/2컵
잔멸치	1/2컵
다시마	1쪽
마른 고추	1개
참기름	약간
조림장	
콩 삶은 물	1컵
만능간장	3큰술
조청	1/2큰술
청주	1큰술

1. 콩은 잘 씻어 하룻밤 정도 물에 담가 불린다.
2. 불린 콩이 잠길 정도로 물을 붓고 콩이 무르도록 20분 정도 삶는다.
3. 잔멸치는 아무것도 두르지 않은 팬에 바삭하게 볶은 후 체에 내린다.
4. 조림장에 다시마와 송송 썬 마른 고추를 넣고 끓이다가 콩을 넣고 조린다.
5. 국물이 졸면 잔멸치를 넣고 고루 버무려 참기름을 둘러 낸다.

✎ 콩 비린내 마른 고추로 해결하기

불린 흰콩을 바로 조리면 딱딱해져서 먹을 수가 없다. 부드럽게 무르도록 삶아서 조리해야 하는데 지나치게 삶으면 메주 냄새가 나므로 주의한다. 콩의 불린 정도에 따라 20~30분 정도 삶는 것이 좋고 조릴 때 마른 고추를 넉넉히 잘라 넣으면 콩 비린내나 멸치 비린내가 나지 않는다.

굴비찜 + 레몬청주

굴비는 이른 봄 조기를 소금 간하여 바닷바람에 살짝 말린 것을 말하는데, 조기와는 다른 풍미가 있어 애용되고 있다. 굴비는 일단 크기가 균일하고 모양이 흐트러지거나 내장이 터지지 않고 배 부분이 볼록한 것이 좋다. 조리를 할 때에는 칼끝으로 비늘을 긁어낸 다음 지느러미를 손질하고, 살짝 씻은 후 물기를 닦아 내고 조리한다.

재료(2인분)

굴비 ························· 2마리
대파(흰 대) ·············· 1/2대
청·홍고추 ·············· 1/2개씩
굴비 밑간
{ 레몬청주 ··············· 1큰술
 고추기름 ··············· 1작은술
 소금·흰 후춧가루 ···· 약간씩

1. 굴비는 비늘을 긁어 흐르는 물에 씻고 물기를 없앤 후 칼집을 넣는다.
2. 대파 흰 대, 청·홍고추는 곱게 채 썰어 찬물에 담가 매운맛을 뺀다.
3. 굴비 밑간 재료를 섞어 굴비 칼집 사이사이에 잘 스며들도록 재워 둔다.
4. 접시에 굴비를 담고 대파와 청·홍고추채를 올리고 김이 오른 찜통에 10~15분 정도 찐다.

🐟 굴비 손질하기

칼끝으로 굴비의 비늘을 긁기 어렵다면 끝이 뾰족한 숟가락으로 긁어 보자. 살에 상처가 나지 않고 잘 긁어진다. 레몬청주가 없다면 생강즙이나 청주에 살짝 재워도 된다. 혹은 레몬즙을 뿌려도 된다.

새송이조림 + 만능간장

자연송이의 맛과 질감을 즐기기 위해 인공 재배한 것이 새송이버섯인데, 자연송이만큼은 못하지만 향이 좋고 맛이 담백하여 여러 용도로 쓰인다. 섬유질이 풍부하고 육질이 단단하기 때문에 장기간 보관해도 잘 상하지 않고 칼로리가 낮아 다이어트식으로도 효과가 있다.

재료(2인분)

새송이 버섯	2대
알마늘	10알
꽈리고추	5개
다시마물	1컵
만능간장	4큰술
소금	약간

1. 새송이는 1센티미터 두께로 동글동글하게 썰어 소금물에 살짝 데쳐 식힌다.
2. 마늘은 소금물에 살짝 데쳐 식히고 꽈리고추는 깨끗이 씻어 꼭지를 딴다.
3. 다시마물과 조림간장을 섞어 냄비에 담고 새송이를 넣는다.
4. 은근한 불로 조림장이 1/2로 줄 때까지 조리다가 마늘을 넣어 준다.
5. 마늘에 간이 배면 꽈리고추를 넣고 마저 조려 낸다.

✎ 버섯은 한번 데쳐서

새송이를 데치지 않고 조리면 버섯물이 빠져 나와 장조림에서 시큼한 맛이 나고 변질의 원인이 된다.
마늘을 살짝 데치는 이유는 아린 맛을 없애고 향을 부드럽게 해 새송이와 잘 어울리게 하기 위함이다.
지나치게 익히면 물러져서 맛이 없다.

재료(2인분)

무	1/6도막
두부	1/2모
불린 표고	1장
홍고추	1/2개
쪽파	2대
고춧가루	1큰술
고추씨	1작은술
마늘기름·소금·후춧가루	약간
조림양념	
다시마 육수	1/2컵
고추장	1큰술
간장	1큰술
매실청	1큰술
다진 마늘	1/2큰술
참기름	1/2큰술
깨소금	1작은술
생강즙	1작은술

1. 두부는 반으로 잘라 1센티미터 두께로 자르고
   소금, 후추를 약간 뿌려 기름 두른 팬에 노릇하게 지진다.
2. 무는 5~6센티미터 길이, 5밀리미터 두께로 채 썰고
   표고버섯, 홍고추, 쪽파는 5센티미터 길이로 곱게 채 썬다.
3. 볼에 무채를 넣고 고춧가루와 고추씨를 넣은 후
   고루 버무려 물을 들인다.
4. 제시한 재료를 섞어 조림양념을 만든 후 반 정도 덜어 무채에 밑간한다.
5. 냄비에 무채와 채소, 지진 두부를 켜켜이 올리고 조림장을 뿌린다.
6. 뚜껑을 덮어 무가 푹 익고 두부에 간이 배도록 익혀 낸다.

✎ **밑간하기&고추물 들이기**
무에 미리 고추물을 들이지 않으면 익고 나서 먹음직스런 붉은색이 돌지 않는다.
또한 무는 익으면서 수분을 뱉어 내기 때문에 미리 밑간을 하지 않으면 조리고 난 후
싱거워져서 맛이 나지 않는다.

두부무채조림 + 고추씨

고추의 매운맛과 성질을 결정하는 캡사이신은 고추과육보다 고추씨에 많이 들어 있다. 고추씨는 고추를 조리할 때마다 씨만 따로 모아 말려 두어도 되나 김장 등 마른 고추를 갈무리하여 고춧가루를 빻을 때 한꺼번에 마련해 두고 사용하면 좋다. 캡사이신은 입맛을 살려 주고 몸 속의 신진대사를 원활히 하는 작용을 한다.

연근곤약조림 + 표고가루

연근은 익혀 먹으면 비·위장을 튼튼히 하여 식욕 증진에 효과가 좋다. 또한 수분 소통을 원활이 하여 부종을 해소한다. 곤약은 구약나물 분말로 만든 알칼리성 식품인데, 97퍼센트가 수분으로 이루어져 있고 칼슘이 함유되어 있다. 예로부터 곤약은 장의 숙변을 제거하는 데 이용되어 왔고, 소화 흡수는 물론 배출을 활발하게 하는 해독 작용이 있다고 알려져 왔다.

재료(2인분)

연근	1/2개
당근	1/5개
곤약	1/4모
식초	1큰술
조림장	
다시마물	1컵
표고가루	1큰술
마른 고추	1개
조림간장	2큰술
조청	1작은술
청주	1큰술

1. 연근은 껍질을 벗겨 0.5센티미터 두께로 썬 후 끓는 물에 식초를 넣고 살짝 데친다.
2. 당근은 반으로 잘라 0.5센티미터 두께의 직사각 모양으로 썬다.
3. 곤약은 3×4센티미터 크기에 1센티미터 두께로 썰고 가운데 칼집을 넣는다.
4. 가운데 칼집으로 한 바퀴 뒤집어 매작과 모양을 만들어 끓는 물에 데친다.
5. 냄비에 조림장 재료를 넣고 한소끔 끓인다.
6. 곤약을 먼저 넣고 끓이다가 간장 색이 들면 연근과 당근을 넣고 약한 불에서 서서히 조려 낸다.

✎ 곤약의 비린 맛 잡기

곤약은 미리 데치지 않으면 특유의 비린 맛이 남는다. 또한 곤약은 연근이나 당근에 비해 간이 잘 배지 않으므로 조림장이 끓어 올라 표고가루와 조림장에 어우러지자마자 다른 재료보다 먼저 넣고 함께 조리도록 한다.

두부조림 + 땅콩카레소스

콩으로 만든 두부는 콩보다 단백질 흡수율이 높다.
부드럽고 담백한 맛으로 어떤 양념과도 잘 어울리는데 매콤하면서 고소한 땅콩카레소스를 곁들이면
이국적인 요리로 변신한다.

1. 두부는 1센티미터 두께로 썰고 소금, 후추를 뿌려
   밑간을 한 후 물기를 없앤다.
2. 마늘기름을 두른 팬에 1의 두부를 노릇하게 지진다.
3. 양파와 홍고추는 입자가 보이게 다진다.
4. 다시마물에 카레를 넣고 잘 푼 후 다진
   땅콩과 소금, 후춧가루를 넣고 고루 섞는다.
5. 팬에 마늘기름을 두르고 다진 파, 마늘, 양파를 볶아
   향을 낸 후 4의 소스를 부어 한소끔 끓인다.
6. 5의 팬에 구운 두부와 홍고추를 넣고 간이 배도록 조린다.

재료(2인분)

두부	1/2모
다진 파	1/2큰술
다진 마늘	1작은술
양파	1/4개
홍고추	1/4개
마늘기름·소금·후춧가루	약간씩
땅콩카레소스	
다시마물	1/2컵
카레가루	2큰술
땅콩가루	3큰술
소금, 후추	약간

✍ 두부요리는 밑간과 수분 제거가 중요하다

두부요리에 실패하지 않으려면 수분 제거와 밑간을 잘 해야 한다.
두부 속까지 양념의 간이 고루 배도록 밑간을 해야 하고
간이 밴 두부에서 생기는 수분은 꼭 제거한 후 굽거나 조려야 두부가 으스러지는 것을 막을 수가 있다.

나는야, 돈키호테 농부

Lohas Story
충남 홍성 김수원 씨

제철 채소 가을냉이와 시금치를 키우다

가을냉이는 12월 초부터 공급된다. 이때가 되면 김수원 씨는 제철 채소인 가을냉이와 배추를 출하하느라 바쁘다.

가을냉이는 냉이국은 물론 무침, 샐러드, 생채, 튀김, 그리고 김치로도 담가 먹을 수 있다. 남쪽인 이곳은 비닐하우스를 이용하지 않고 노지에서 가을냉이, 시금치, 양배추, 브로콜리, 배추 등을 농사짓는다. 봄냉이에 비해 향은 약간 떨어지나 가을냉이는 잎이 길고 뿌리가 연하며 은은한 향을 자랑한다. 가을냉이는 9월 말에 밭에 파종해 11월 말부터 수확한다. 밭에서 뿌리를 다치지 않게 캐어 흙을 털어 포장한 다음 물류창고로 보낸다.

이처럼 노지 생산일 경우 작물은 자연조건에 민감하다. 제철 채소인 가을냉이는 아침엔 이슬이 있어 캐지 못하고 저녁에 캔다. 또 비가 오면 작업을 못한다. 그런데 아무리 남도라 하더라도 밭에서 하루 종일 일하면 춥다. 그래서인지 모두들 옷을 두툼하게 껴입고 있다.

김수원 씨는 냉이 한 봉지를 담으며 '이 냉이를 누가 먹을까? 그 소비자는 이 작물을 키워 낸 생산자를 생각해 줄까?' 라는 생각을 하게 된다고

한다. 이것이 바로 먹는 사람의 생각과 얼굴까지 떠올리게 만드는 직거래의 매력이다.

그러나 노지재배 농작물이다 보니 기후변화에 민감하여 낭패를 보는 일이 적지 않다. 지난 김장 배추 출하 첫날에는 갑자기 20센티미터나 눈이 내려 배추 위로 눈이 얼음처럼 쌓였다. "사실 겨울 눈은 채소의 이불이라는 말처럼 도움이 되긴 합니다. 그렇지만 다 키워 놓은 배추에 출하 직전 눈이 쌓였으니 애가 탔지요." 그래서 공동체 구성원들이 밤에 밭마다 불을 켜고 20~30명씩 공동작업을 했단다. "그래도 이 지역은 배추가 그렇게 얼지는 않았어요. 당진 지역은 다 키운 배추의 출하를 포기했잖아요." 자연피해를 대비한 제도적 장치가 절실해지는 이유다.

생산지 방문과 지역을 위한 새로운 생각들

김수원 씨는 '산들바다공동체'를 비롯한 여러 공동체와 함께 지역문화운동을 전개하고 있다. 마을 개울 옆의 둔덕을 높이고 하천을 만들어 여러 종류의 야생화를 심었고, 문을 닫은 마을 초등학교는 문화공간으로 변신시켜 사진전시회, 풍물놀이터, 아이들 야외학습장으로 활용하고 있다. "미래의 공동체는 마을, 생태공동체가 돼야 한다고 생각합니다. 마을을 지켜 내고 회복해 농촌문화를 발전시키고 싶어요." 그러려면 도시와 농촌의 교류가 잘돼야 한다는 생각에서 귀향을 한 것이기도 하다.

생산지 방문의 새로운 대안으로 생산지 체험 '1박 2일'을 실행해 보기도 했는데 결과는 대만족이다. 소비자와 생산자가 서로의 삶을 이해하고 관계를 맺어가는 과정이 그저 좋다. '전 생산자의 일터를 전 소비자의 쉼터로'가 김수원 씨가 생각하고 있는 핵심이다. "소비자와 생산자가 서로 전국에 콘도를 갖고 있다고 생각하면 기쁘잖아요." 사실 이 프로그램의 도입을 두고 걱정하는 시선들도 적지 않았다. 그러나 '하룻밤 함께 먹고 자는 데 나쁜 일이 뭐 있겠나? 하는 가벼운 마음으로 시작한 이 프로그램은 지금 서로에게 기쁨을 주고 있다.

나의 작물은 나의 영혼

김수원 씨에게 자신이 키운 농산물은 어떤 의미일까 궁금했다. "그것은 나의 생존수단이며 영혼이라 할 수 있어요." 농산물은 그에게 극과 극을 조화롭게 형성해 주는 것이며 자신이 생태운동을 할 수 있도록 의미와 동력을 주는 행복함이다. 생산자와 소비자를 존재케 하는 매개체이기도 하다. 그는 순하다. 그래서 그가 키운 농작물들도 순하고 구수하다. "우리 배추는 속이 좀 성글고 벌레도 많아요. 그렇지만 그것이 내가 최선을 다해 열심히 키운 결과입니다."

출처 : 「살림이야기」 03호

산들바람공동체는?

1990년대 구성된 '한울공동체'를 바탕으로 2004년 1월에 재결성되었다. 친환경유기농업의 조직화 필요성과 지역 유기농업 활성화를 목표로 갖고 있다. 현지 분들과 귀농한 분들로 이루어진 구성원은 15명. 공동체 구성원 대부분이 청년생산자로 활동하고 있다. 전라북도 부안, 변산 지역에 위치해 소비자와의 도시·농촌 교류 행사 때에는 농촌 체험과 갯벌 체험을 함께 진행할 수 있는 지리적 이점을 갖고 있다. 다품종 소량 생산원칙을 갖고 있는 이 공동체의 농작물은 벼, 녹미, 건고추, 시금치, 단호박, 마늘 등이다.

돈키호테 농부 김수원 씨가 키운 유기농 브로콜리가 싱그럽다.

CHAPTER 05

국, 찌개, 전골

매일 먹는 가벼운 국이나 찌개, 특별히 마음먹고 솜씨 자랑하게 되는 전골 또한 천연조미료만 있으면 영양
과 맛이 훌륭한 요리가 된다. 특히 국물요리는 육수가 중요하다. 찌개나 전골 같은 국물에는 천연조미가루
만 넣으면 손쉽게 맛있는 육수로 둔갑한다. 맑은 장국에는 가루를 이용하는 것보다 육수를 우려 사용하도
록 한다.

콩나물국 + 북어가루

북어는 말린 명태를 가리킨다. 말리는 과정을 거치면서 단백질과 칼슘 등의 영양 성분이 농축되며 보관하기도 쉽다. 북어에 들어 있는 각종 아미노산은 간장 해독을 도와 숙취에도 좋고 피로 회복에도 도움을 준다. 콩나물과 곁들이면 그 효능이 배가 된다.

재료(2인분)

콩나물	한 줌(100g)
쪽파	2대
물	3컵
다시마	1쪽
마른 고추	1개

양념
- 북어가루 ·············· 1큰술
- 다진 마늘 ·········· 1작은술
- 소금 · 후춧가루 ········· 약간

1. 콩나물은 꼬리를 다듬고 쪽파는 송송 썬다.
2. 물 3컵에 다시마, 북어가루, 송송 썬 마른 고추를 넣고 끓인다.
3. 끓어 오르면 다시마를 건져 내고 콩나물을 넣은 후
   뚜껑을 덮어 끓인다.
4. 콩나물이 익으면 쪽파와 다진 마늘을 넣고 소금, 후춧가루로 간을 한다.

🥄 충분히 끓여야 맛나는 북어가루

북어가루는 충분히 끓이지 않으면 비린 맛이 나고 까끌까끌하므로 처음부터 넣고 끓여 깊은 맛이 우러나도록 한다. 무국을 끓일 때에는 무와 북어가루를 함께 참기름에 달달 볶다가 물을 붓고 끓인다.

미역국 + 홍합가루

미역은 강한 알칼리성 식품으로 쌀이나 육류 같은 산성 식품을 중화시키는 데 효과가 있다.
갑상선 호르몬을 만드는 요오드와 나트륨을 배출하는 칼륨, 빈혈을 예방하는 철분, 뼈를 강화시켜 주는
칼슘, 암을 예방하는 셀레늄 등이 들어 있다.

1. 마른 미역은 물에 30분에서 1시간 정도 부드럽게 불린 후 먹기 좋게 자른다.
2. 물에 불린 미역을 거품이 나도록
   바락바락 주무른 후 깨끗이 헹구어 체에 건져 둔다.
3. 손질한 미역은 물기가 빠지면 먹기 좋은 크기로 썬다.
4. 무는 씻어 껍질을 벗긴 다음 곱게 채 썬다.
5. 냄비에 참기름을 넣고 무와 미역, 국간장을 넣고 달달 볶는다.
6. 미역이 파랗게 익으면 물을 붓고 홍합가루를 넣어 팔팔 끓인다.
7. 무가 말갛게 익으면 소금 간을 한 후 담아 낸다.

재료(2인분)

마른 미역	반 줌
무	1/6토막
물	4컵
양념	
참기름	1큰술
홍합가루	1/2큰술
국간장	1/2큰술
소금	약간

참기름과 국간장 활용하기

무와 미역을 미리 참기름에 볶으면 국물의 맛이 더욱 깊어지고 국간장으로
간을 미리 하여 볶으면 감칠맛이 두 배가 된다. 기호에 따라 다진 마늘을 넣
어 볶기도 하지만 파는 미역의 칼슘 흡수를 방해하므로 넣지 않도록 한다.

멸치시금치된장국 + 고추씨가루

시금치는 철분이 풍부하여 보혈·지혈 작용을 하며 각종 비타민 또한 많이 들어 있다.
베타카로틴과 비타민C는 항산화 작용을 하고 엽산은 항암 작용을 하며 임신 초기의 기형아 예방에 효과가 있다.
시금치에 함유된 비타민B$_{12}$ 성분은 엽산을 보조하여 위암과 폐암을 예방하는 작용을 한다.

1. 시금치는 손질하여 소금물에 살짝 데친 후
   5~6센티미터 길이로 자른다.
2. 대파와 청·홍고추는 어슷하게 썬다.
3. 쌀뜨물에 다시마를 넣고 한소끔 끓인 후
   다시마는 건져 내고 된장을 풀어 넣는다.
4. 멸치가루와 고추씨가루를 넣은 후 끓어 오르면 시금치를 넣는다.
5. 대파, 청·홍고추를 넣고 한소끔 끓여 낸다.

재료(2인분)

시금치	한 줌(100g)
쌀뜨물	3컵
다시마	1쪽
대파	1/4대
청·홍고추	1/2개씩
양념	
된장	1큰술
다진 마늘	1작은술
멸치가루	2작은술
고추씨 가루	1/2작은술

✎ 채소의 풋내를 잡으려면

녹황색 채소를 넣고 국을 끓일 때 채소는 데쳐서 넣고 끓여야
풋내가 나지 않는다. 풋내가 가실 정도로만 살짝 데친 뒤
재빨리 찬물에 헹궈야 간이 잘 배고 채소의 질감이 살아난다.

1. 김은 잡티를 말끔히 제거하고 큼직큼직하게 뜯는다.
2. 대파는 어슷하게 썰고 달걀은 잘 풀어 둔다.
3. 냄비에 다시마물을 넣고 새우가루, 국간장과 소금을 넣어 간을 맞춘다.
4. 국물이 팔팔 끓을 때 김을 넣고 퍼지게 끓인다.
5. 파를 넣고 풀어 놓은 달걀을 젓가락으로 휘휘 돌려가며 넣는다.
6. 달걀이 익으면 국그릇에 담고 위에 깨소금을 뿌린다.

재료(2인분)

달걀	2알
김	2장
대파	1/2대
다시마물	3컵
깨소금	약간
양념	
새우가루	1큰술
국간장	1/2작은술
소금·후춧가루	약간씩

🖋 조미김 활용하기

새우가루도 없고 국간장만으로는 맛이 나지 않는다면 시판용 조미김을 임시방편으로 이용해 보자.
한살림이나 생협에서는 죽염이나 천일염으로 구운 시판용 김을 판매한다.
조미김을 사용하면 간을 하지 않아도 되므로 좀 더 간편하게 국을 끓일 수 있다.
파와 달걀이 따로 노는 듯한 느낌이 들면 달걀 푼 것에 파를 넣고 김 국물에 함께 넣는다.

달걀김국 + 새우가루

김 한 장에는 달걀 한 개분의 단백질과 세 개분의 베타카로틴, 그리고 각종 미네랄이 풍부하게 들어 있다.
비타민C 또한 풍부하여 겨울철 유용한 비타민 공급원이 된다. 아연이 풍부하여 하루 세 장 정도만 먹으면
머리가 하얗게 쇠는 것을 방지한다.

버섯순두부탕 + 들깨가루

순두부는 주로 찌개에 많이 사용되지만, 수분이 많고 목 넘김이 좋아 국이나 수프, 죽을 만들 때
활용하기 좋다. 쫄깃하고 섬유질이 풍부한 버섯과 곁들이면 다이어트 식사로도 손색이 없다.

재료(2인분)

생표고버섯 ···················· 2개
애느타리버섯 ·············· 한 줌(70g)
팽이버섯 ·················· 1/2봉지
순두부 ····················· 1/2봉지
다시마물 ····················· 3컵
양념
　들깨가루 ················· 4큰술
　다진 마늘 ··············· 1작은술
　국간장 ················· 2작은술
　들기름 ················· 1작은술
　소금 ······················· 약간

1. 표고는 밑동을 떼어 채 썰고, 애느타리버섯과 팽이는 밑동을 자르고 가닥을 나눈다.
2. 순두부는 국간장 1작은술을 넣고 밑간을 한 뒤 체에 밭친다.
3. 다시마물에 들깨가루를 고루 잘 섞는다.
4. 냄비에 들기름을 두르고 다진 마늘, 표고와 느타리를 넣고 국간장 1작은술을 넣어 살짝 볶는다.
5. 3의 들깨 물을 붓고 한소끔 끓인 뒤 팽이와 순두부를 넣고 소금으로 간을 맞추어 낸다.

🥄 **순두부도 밑간이 필요하다**
순두부에 미리 밑간을 하면 단단해지고 간이 배어 국물에 넣어도 싱거워지지 않는다.
또 끓는 동안 부서지지 않아 국이나 찌개가 깔끔하게 보인다.
순두부를 더 넣을 때는 큼직하게 뚝뚝 떼어 넣어야 국물 맛이 깨끗하고 고소하다.

재료(2인분)

청경채	4~5포기
연두부	1모
양파	1/4개
마늘	1톨
마른 고추	1/2개
생강	1/4쪽
다시마물	3컵

양념

새우가루	1큰술
참기름	1/2큰술
국간장	1작은술
소금·후춧가루	약간씩

1. 연두부는 소금을 약간 뿌려 두었다가 체에 밭친다.
2. 청경채는 잘 다듬어 2~3센티미터 크기로 자른다.
3. 양파, 마늘, 생강은 곱게 채 썰고 마른 고추는 송송 자른다.
4. 냄비에 참기름을 두르고 양파, 마늘, 생강, 마른 고추를 볶아 향을 낸다.
5. 4에 청경채와 새우가루, 국간장을 넣고 살짝 볶아 숨을 죽인다.
6. 다시마물을 부어 끓이다가 끓어 오르면 연두부를 한 숟가락씩 떠 넣는다.
7. 한소끔 끓어 오르면 소금, 후춧가루로 간을 맞추어 낸다.

🖎 연두부 단단하게 만들기
연두부에 소금을 살짝 뿌려 체에 받쳐 두면 수분이 빠져 나가 두부가 단단해지고
국물에 넣어도 잘게 풀어지지 않는다. 새우가루는 마지막에 넣는 것보다 청경채와 충분히 볶다가
다시마물을 붓고 오래 끓여야 감칠맛이 우러난다.

청경채연두부탕 + 새우가루

한방에서 새우는 신장 기능을 좋게 하고 혈액 순환을 원활하게 하며 기력을 충실하게 하는 강장제로
알려져 있다. 껍질의 키토산은 몸 안의 콜레스테롤 흡수를 방지한다. 새우의 풍부한 단백질과 아미노산은
감칠맛이 뛰어나 국물맛을 내는 데 좋다.

두부감자찌개 + 매운양념장

두부는 고기 못지않은 단백질과 칼슘이 들어 있어 뼈를 다치기 쉬운 여성과 노인에게 제격이다.
단 몸이 차고 소화가 안 되어 방귀를 자주 뀌는 체질에는 좋지 않은데 고추장이나 매운 양념장과
끓여 먹으면 그 성질이 보완된다.

재료(2인분)

감자	1개
두부	1/3모
애호박	1/4개
양파	1/4개
대파	1/4대
청·홍고추	1/3개씩
다시마물	2컵

양념
- 매운 양념장(21쪽 참고) ·· 2큰술
- 고추장 ·············· 1작은술
- 마늘기름 ··········· 1큰술
- 소금·후춧가루 ······· 약간씩

1. 감자는 껍질을 벗기고 칼로 두툼하게 연필을 깎듯이 썰어 찬물에 담갔다 건진다.
2. 두부는 면보로 감싸 수분을 제거하고 1센티미터 두께로 썬다.
3. 애호박은 두툼하게 썰고 양파는 채 썰고 대파와 청·홍고추는 어슷하게 썬다.
4. 냄비에 마늘기름과 양파를 넣고 볶다가 다시마물을 붓고 매운 양념과 고추장을 푼다.
5. 4가 끓어 오르면 감자와 두부를 넣고 끓이다가 두부에 간이 배면 애호박과 양파를 넣는다.
6. 건더기와 국물의 맛이 어우러지면 대파와 청·홍고추를 넣고 소금, 후춧가루로 간을 맞춘다.

✎ **찌개 국물맛을 진하게 살리는 노하우**

감자와 애호박을 반달 썰기하지 않고 비지듯이 썰면 단면적이 넓어진 만큼
양념이 잘 흡수되어 건더기의 맛이 진해지고 국물이 달큰하다.
같은 방법으로 무도 비지듯이 잘라서 끓이면 달고 시원한 무국이 된다.

새송이북어찌개 + 된장양념장

된장의 좋은 점은 침이 마르도록 말해도 모자란다. 발효음식 가운데에서는 항암 효과가 가장 탁월한데,
멜라노이딘 성분은 암을 예방할 뿐만 아니라 이미 발생한 암세포의 성장도 억제한다.
식물성 지방 성분은 콜레스테롤 수치를 떨어뜨리고 혈압을 낮추며 간 기능을 회복시킨다.
이 밖에 콩의 단백질과 여성 호르몬의 흡수를 돕는다.

재료(2인분)

새송이 ……………………… 2개
북어포 ………………… 반 줌(20g)
애호박 ……………………… 1/4개
대파 ………………………… 1/4대
청고추 ……………………… 1/2개
홍고추 ……………………… 1/4개
쌀뜨물 ……………………… 2컵
양념
  된장양념장(21쪽 참조) … 2큰술
  고추장 ……………… 1작은술
  다진 마늘 ……………… 1작은술
  생강즙 ……………… 1/2작은술

1. 북어포는 흐르는 물에 스치듯이 씻어 살짝 불린 후 찌개 된장양념장을 덜어 밑간한다.
2. 새송이는 도톰하게 반달 모양으로 썰고 애호박은 반달썰기하고 대파와 청·홍고추는 어슷하게 썬다.
3. 뚝배기나 냄비에 북어포를 넣고 쌀뜨물을 자작하게 부어 볶는다.
4. 새송이와 호박을 넣고 다시마물을 붓고 된장양념장을 풀어 푹 끓인다.
5. 호박이 익으면 고추장을 풀어 넣고 다진 마늘과 생강즙을 넣고 한소끔 끓여 낸다.

🥢 북어로 국물맛 살리는 노하우

밑간을 한 북어를 사용하면 국물 맛이 훨씬 구수하다. 시간이 없다면 북어가루로 대신해도 되지만
감칠맛은 미리 볶아낸 쪽이 훨씬 좋다. 된장 양념장에 매운맛을 더하고 싶다면 고추장을 약간 풀어 넣는다.

오징어무국 + 매운양념장

오징어는 타우린이 풍부하여 피로 회복과 간 기능 개선에 효과가 있다. 또 쇠고기와 맞먹는 양질의 단백질로 구성되어 있다. 콜레스테롤이 높다고 알려져 있으나 껍질째 섭취하면 껍질의 타우린 성분이 콜레스테롤 수치를 떨어뜨려 준다.

1. 오징어는 껍질과 내장을 제거하고
   몸통은 동그랗게 썰고 다리는 5센티미터 길이로 썬다.
2. 무는 나박하게 썰고 대파는 어슷하게 썰어 준비한다.
3. 다시마물을 붓고 무를 넣고 끓인다.
4. 무가 반쯤 익으면 오징어와 매운 양념장을 넣고 한소끔 끓인다.
5. 오징어와 무가 익으면 다진 파와 마늘을 넣고 끓인 후
   대파를 넣고 소금, 후추로 간을 맞춘다.

재료(2인분)

오징어	1마리
무	1/6개
대파	1/4대
다시마물	3컵
소금, 후추	약간

양념
매운 양념장(21쪽 참고)	2큰술
다진 파	1작은술
다진 마늘	1작은술
소금·후춧가루	약간씩

✎ 오징어무국의 열쇠는 무에 있으므로 좋은 무를 써야 한다. 시원한 맛을 원하면 무의 뿌리 쪽 흰색 부분을 사용하고 약간 단맛을 원하면 무의 푸른 부분을 쓴다. 무의 시원한 맛이 빨리 빠져나오게 하려면 참기름에 달달 볶다가 물을 붓고 끓인다.

버섯육개장 + 매운양념장

표고버섯은 소화기관을 튼튼히 하고 식욕부진, 만성피로에 효과가 좋다. 인터페론이라는 물질을 생성하여 항암, 항바이러스 작용을 하며 면역기능을 좋게 한다. 말린 표고는 여성의 기미, 주근깨에 효과가 있다.

1. 불린 표고는 물기를 꼭 짜 곱게 채 썬다.
2. 느타리는 끓는 소금물에 데쳐 손으로 찢는다.
3. 대파는 5~6센티미터 정도의 길이로 썬다.
4. 느타리와 표고에 매운 양념과 고추기름을 넣고 조물조물 무친다.
5. 냄비에 버섯을 담고 살짝 볶다가 다시마물을 붓고 끓인다.
6. 국물이 끓어 오르면 다진 마늘, 대파를 넣고 소금, 후춧가루로 간을 한 후 마무리한다.

재료(2인분)

불린 표고	3장
느타리버섯	한 줌(20g)
대파	1대
다시마물	5컵
소금	약간
양념	
매운 양념장(21쪽 참고)	3큰술
고추 기름	1큰술
다진 마늘	1작은술
소금·후춧가루	약간씩

🖐 국물맛 살리는 버섯

버섯에 밑간을 해 볶은 후 국을 끓이면 고기를 넣지 않아도 국물 맛이 진하게 우러난다. 느타리버섯은 반드시 데치고 표고는 물기를 꼭 짜야 국물에서 시큼한 맛이 나지 않는다. 고기처럼 쫄깃한 맛이 좋다면 말린 버섯을 넣어도 좋다.

믿고 살 수 있는 친환경 매장

현재 국내 친환경 농산물의 인증은 국립농산물품질관리원에서 '저농약', '무농약', '전환기', '유기농' 네 종류로 구분하여 시행하고 있다. 저농약이란 유기합성농약과 화학비료는 기준 사용량의 2분의 1을 사용하되 제초제는 전혀 사용하지 않고 재배한 것을 말하며, 무농약이란 화학비료를 기준량의 3분의 1을 사용하되 유기합성농약과 제초제는 사용하지 않고 재배한 것을 말한다. 전환기란 무농약 재배를 시작한 후 유기농 인증을 받기 전까지 이행 기간 중 재배한 것을 말하고, 유기농이란 일정 기간 화학비료와 유기합성농약을 사용하지 않고 재배한 것으로 식품첨가물을 넣지 않고 유전자조작 식품이 아닌 것을 가리킨다. 대표적인 친환경 매장에는 어떤 곳이 있는지 생활협동조합과 전문매장, 직거래 매장으로 나누어 소개한다.

생활협동조합

소비자가 조합원으로 가입하여 함께 운영하는 형태로 일정 출자금과 조합비를 납부해야 이용할 수 있다. 대부분 인터넷으로 주문할 수 있고 일주일에 1회 배송되므로 홈페이지를 참고한다. 곡물, 채소, 과일, 축산물, 장·양념, 반찬 등의 기본 품목은 모든 생협이 비슷하지만 가공식품이나 생활용품 등은 각 생협마다 조금씩 다르다.

한살림
02-3498-3600 www.hansalim.or.kr

한살림은 한 집에서 살림하듯 더불어 살자는 뜻. 가입비 3천 원과 출자금 3만 원을 내고 조합원으로 가입하면 제품을 구입할 수 있다. 100퍼센트 국내산을 판매하는 것을 원칙으로 한다. 생명, 생태, 공동체를 기치로 한살림 운동을 전개한다.

- **매장** 서울·경기 11곳, 기타 지역 14곳
- **방법** 지역생협 조합원으로 가입한 뒤 출자금과 가입비 납부(지역마다 회원 가입 절차가 약간씩 다름)
- **배송** 지역매장별 주 1회 공급(주문 마감일 제도)
- **품목** 기본 품목 + 두부·어묵·묵 / 수산·건어물 / 면·만두·피자 / 떡·빵·잼 / 과자·빙과 / 건강식품·꿀 / 차·음료·유제품 / 화장품 / 생활용품

한국생협연대
1577-0178 www.icoop.or.kr

지역주민운동으로 출발한 부평생협을 모태로 1997년 경인지역생협연대를 출범한 뒤 현재 한국생협연구소를 비롯해 지역생협활동을 지원하기 위한 생협연합회와

유기농 도매시장을 운영한다.

- **매장** 서울 8곳, 경기 16곳, 기타 지역 41곳
- **방법** 지역생협 조합원으로 가입한 뒤 출자금과 조합비 납부(지역마다 조합비와 가입 절차가 약간씩 다름)
- **배송** 매일 오후 11시 주문 마감 뒤 3일 내 배송
- **품목** 기본 품목 + 신선 가공식품 + 차·음료 / 수산물 / 간식거리 / 건강식품 / 면·만두 / 건재 / 친환경 생활용품

두레생협연합회
02-3283-7290 www.dure.coop

'생협수도권연합회'를 모태로 출발. 2004년 '지역생명 운동'이라는 새로운 정체성을 확립하고 '두레생협'으로 개칭했다. 생산이력시스템을 갖추고 있어 각 상품의 생산지, 생산자, 생산과정을 확인할 수 있다.

- **매장** 서울 12곳, 경기 29곳
- **방법** 지역생협에 가입한 뒤 출자금과 가입비 납부
- **배송** 지역 매장별 주 1회 공급(주문 마감일 제도)
- **품목** 기본 품목 + 가공식품 / 일일식품 / 차·음료 / 건강식품 / 생활용품 / 여름 기획 / 수산·건어물

정농생협
02-404-6247 www.jungnong.com

농민들의 모임인 정농회가 기반이 되어 운영되는 생활
협동조합. 우리나라 조직적 유기농법 실천의 첫 출발
점. 기존 4단계 인증을 넘어 물품에 따라 6~8단계로 기
준 설정(비닐 멀칭, 퇴비의 질, 질산염, 종자, 경력 등을
종합적으로 고려).

- **매장** 서울 5곳
- **방법** 조합원으로 가입한 뒤 출자금과 가입비 납부(기
  본 교육 이수해야 함)
- **배송** 주 3회 공급(주문 마감일 제도)
- **품목** 기본 품목 + 두부·어묵 / 면·간식 / 가루음식·
  떡국 / 차·음료 / 건강보조식품 / 생활용품 /
  화장품 / 천연염색 / 수산 · 건어물

콩세알을 심는 농부(풀무생협)
070-7764-9283 www.kongseal.com

6백여 명의 친환경 생산자가 주축이 되어 만든 온라인
유기농 유통매장. 오프라인 매장은 없다. 일반회원으로
가입한 뒤 이용할 수 있다. 생산지가 홍성군 홍동면 일
대에 밀집되어 있다.

- **매장** 없음
- **방법** 일반회원으로 가입한 뒤 이용 가능
- **배송** 당일 오후 10시까지 입금 확인 뒤 2일 내 배송
- **품목** 기본 품목 + 가루식품 / 간식·면 / 차·음료 /
  건강식품 / 환경생활용품

여성민우회생협
02-581-1675 www.minwoocoop.or.kr

한국여성민우회가 주체로 농업·환경·지역 살리기 활
동을 펼쳐 왔다. 지역주민과 조합원을 대상으로 환경, 친
환경 소비, 식품안전, 요리, 건강 등 강좌와 생산지 견학
및 요리, 노래, 책읽기, 영화, 생태목공 등 소모임, 생산자

1일 점장제, 여성생산자, 소비자 교류회 등을 운영한다.

- **매장** 서울·경기 12곳, 기타 지역 1곳
- **방법** 조합원으로 가입한 후 출자금과 가입비 납부
- **배송** 주 1회 공급(주문 마감일 제도)
- **품목** 기본 품목 + 우리밀제품 / 건강식품 / 차·음료 /
  수산·건어물 / 환경생활용품

인드라망생협
02-576-1882 www.budcoop.com

도농 공동체운동을 통한 도시와 농촌의 친환경농산물
직거래를 구상하고 불교귀농학교를 수료한 동문들이
전국 각지에서 생산한 생산물을 공급한다.

- **매장** 전국 사찰 4곳
- **방법** 조합원으로 가입한 뒤 출자금과 가입비 납부
- **배송** 월요일 주문 마감 / 매주 목요일 발송
- **품목** 기본 품목 + 일일식품 / 우리밀제품 / 수산물 /
  간식 / 친환경생활용품 / 건강식품

환경운동연합 ECO생협
02-733-7117 www.ecocoop.or.kr

2002년 환경운동연합 주최로 생협위원회를 발족한 뒤
종로에 첫 매장을 열었다. 소비자와 유기적으로 결합하
기 위한 생산자회를 운영하고 조합원이 참여하여 생산
자와 직접 대면해 생활재를 검증하는 자주인증제도와
자주감사제도가 있다.

- **매장** 서울 4곳
- **방법** 조합원으로 가입한 뒤 출자금과 가입비 납부(서울
  거주에 한함), 지역 매장별 주 1회 공급(주문 마감
  일 제도)
- **품목** 기본품목 + 가공식품 / 일일식품 / 차·음료 /
  건강식품 / 생활용품 / 여름기획 / 수산·건어물

유기농 유통전문매장

생활협동조합과는 조금 다르지만 다양한 친환경 상품을 많은 지역 매장에서 만날 수 있다. 여러 가지 참여활동
을 벌여 소비자가 쉽게 유기농을 접할 수 있다.

무공이네
02-441-8266 www.mugonghae.com

직거래 장터와 매주 수요일에 진행하는 번개 장터는 이
곳만의 특징. 유통기한이 얼마 남지 않은 상품을 깜짝 세
일해 저렴한 가격에 구입할 수 있다. 온라인 매장을 통해

오전 10시까지 주문하면 당일 배송된다. 서비스나 배송
문제, 상품파손 시 100퍼센트 환불을 원칙으로 한다.

- **매장** 전국 직영점 20여 곳 / 가맹점 11곳 / 농협 아침
  마루 입점

- **방법** 일반회원 / 로하스 회원(가입비와 월회비 납부 시 할인율 적용)
- **배송** 서울·경기 일부는 당일 배송 / 그 외는 익일 배송
- **품목** 기본 품목 + 간식·면 / 건강식품 / 차·음료 / 생활잡화 / 여성 / 문구·완구

초록마을
080-023-0023 www.hanifood.co.kr

초록마을 인터넷 사이트와 전국 2백여 초록마을 매장을 통해 국내에서 생산되는 친환경 유기농 식품 및 환경생활용품, 주류 등을 판매한다. 100퍼센트 국내산 제품만을 취급한다.

- **매장** 서울 46곳, 경기 50곳, 기타 직영점 111곳 / 가맹점 50여 곳
- **방법** 일반회원으로 가입한 뒤 구매 가능
- **배송** 일반물품은 주문 뒤 익일 배송, 저온물품은 주문 이틀 뒤 배송
- **품목** 기본 품목 + 건강식품 / 간식·면 / 차·음료 / 생활용품 / 수산·건어물

유기농 녹색가게 신시
1644-6279 www.shinsi.com

(주)녹색세상의 유기농 유통 사업기구. 신시 매장을 시작으로 생태마을, 녹색문화사업, 출판문화사업 등을 운영하고 있다. 생산지 탐방 프로그램, 생태, 건강, 육아, 교육 등 다양한 분야의 정보 수록. 해외 유기농도 취급한다.

- **매장** 서울·경기 35곳, 기타 지역 80곳
- **방법** 일반회원으로 가입한 뒤 이용 가능
- **배송** 주 3회 공급(주문 마감일 제도) / 서울·경기 지역은 당일 배송
- **품목** 기본 품목 + 우리밀제품 / 차·음료 / 건강식품 / 간식 / 생활용품 / 수산·건어물

올가
080-596-0086 www.orga.co.kr

ORGANIC의 앞 네 글자를 줄인 '올가'는 풀무원에서 운영한다. 순수 한우, 아토피 전용 식품, 친환경 소재 생활용품 취급. 백화점과 대형할인마트 내 매장 운영, 체험상품, 산지체험 프로그램 운영, 매월 총매출액의 0.1퍼센트를 지구사랑기금으로 기부한다.

- **매장** 서울·경기 직영점 9곳, 전국 입점 매장 26곳(롯데백화점 등)

- **방법** 일반회원으로 가입한 후 구매 가능
- **배송** 서울·경기 지역 당일 배송 / 그 외 익일 배송
- **품목** 기본 품목 + 차·음료 / 건강식품 / 간식·면 / 수산·건어물 / 생활용품

유기농 미생채
02-3667-3691~3 www.misaengchae.com
www.healgreen.com

(주)GMF에서 운영하는 친환경 농산물 전문 유통점. 농민과 1천 여 명의 약사들이 참여. 뉴질랜드의 유기농 전문기업인 허클베리팜스&힐그린 또한 미생채가 운영한다. 아토피 등 건강제품에 강하다.

- **매장** 미생채-전국 19곳, 힐그린-전국 7곳
- **방법** 일반회원으로 가입한 후 구매 가능
- **배송** 전일 오후 5시 30분까지 주문 뒤 익일 배송
- **품목** 기본 품목 + 화장품·바디용품 / 허브·아로마 / 아토피 / 유기농의류

한마음 유기농 쇼핑몰
0505-625-6245 www.yuginong.co.kr

호남 최초의 유기농업 단체인 한마음공동체가 주최. 한마음자연학교, 생태유치원, 장성여성농업센터 등도 운영한다. 지역생산자 조직 및 공동체 물류센터를 갖추고 있다.

- **매장** 전국 56곳
- **방법** 일반회원으로 가입한 뒤 구매 가능
- **배송** 입금 확인 뒤 당일 배송
- **품목** 기본 품목 + 음료·차 / 건강식품 / 간식·면 / 환경생활용품 / 자연요법용품 / 수산·건어물

유기농 스토리
02-3426-6204 www.organic-story.com

국내 최초의 유기농 수입식품 전문점. IFOAM 소속체의 국제 유기농 인증을 받은 제품을 취급한다. 산모 회원 가입시 5퍼센트 할인제를 실시한다.

- **매장** 전국 백화점 수입식품 코너 및 유기농식품 코너(현대, 신세계, 롯데 등)
- **방법** 인터넷은 일반회원 및 비회원 구매 가능
- **배송** 입금 확인 뒤 익일 배송
- **품목** 해외 유기농 가공식품 조미료·소스 / 음료수 / 면류 / 건과 · 무슬리 등

유기농 직거래

생산자가 직접 운영하는 친환경 쇼핑몰 모음

팔당생명살림 팔당올가닉후드
031-576-1771 www.paldangfood.com

유기가공식품회사, 유기농업농가, 소비자, 한국여성민우회생협, 와부농협 등이 공동으로 출자하여 설립. 팔당의 영농조합 농민들이 만들어 믿을 수 있고, 서울에서 가까운 팔당의 유기농산물을 직접 팔당공장에서 가공한다. 빵, 쿠키, 케이크, 잼, 반찬, 효소가 주요 제품.

아미마운트
063-652-0453 www.amimount.com

산지에서 농부가 직접 보내기 때문에 신선하고 안전하다. 과일, 채소, 곡물, 기타 건강식품들을 판매하고 농촌관광 및 체험활동도 신청할 수 있다.

아피스
031-460-8888 www.affis.net

농림수산식품부 산하기관인 한국농림수산부의 주관으로 이루어진 농민 직거래 온라인 장터. 농산물 임산물, 축산물, 전통가공식품 등을 판매하며 식재료와 관련된 다양한 정보를 알 수 있다. 회원 가입 후 물건을 구입할 수 있으며 배송비는 무료다.

영양장터
054-683-0689 www.yygmarket.com

전라남도 영암군에서 생산한 제품을 생산지 가격 그대로 구입할 수 있는 곳. 고추, 야콘, 기타 농산물을 생산·판매한다. 농촌체험 프로그램 진행.

한농유기농마을
033-333-3999 www.hannongfarm.co.kr

지구환경회복운동 돌나라 한농복구회 산하 국내 10개 지부 가운데 하나이다. 농산물과 자연방사유정란을 생산·공급. 야콘즙, 솔환, 케일분말 등 농가공식품과 숯을 이용한 건강용품도 판매한다.

두물머리농장 대지향
054-843-0501 http://www.dumul.com

두물머리농장에서 직접 재배한 유기농산물을 주원료로 야채효소 '대지향'을 생산한다. 탄산음료와 수입 오렌지 주스에 맞서 우리의 유기농 음료를 모두가 저렴하게 마실 수 있다. 딸기따기 체험 행사를 매년 실시한다.

나에게 맞는
유기농 가게 찾기

채식인이라면?

육식에 입맛이 젖은 사람들도 채식으로 식습관을 바꾸는 데 어려움이 없도록 콩과 글루텐(밀)을 사용해서 채식고기를 만든 제품과 달걀, 동물성 원료, 화학조미료, 방부제가 들어가지 않는 순수한 채식 웰빙 먹을거리를 제공한다.

베지푸드 www.vegefood.co.kr / 해바라기 ww.62nong.org
베지월드 www.vegeworld.net / 채식사랑비즌 www.vegn.co.kr
베지랜드 www.vegeland.com / 베지테리아 vegeteria.co.kr

직접 보고 사야 안심된다면?

온라인에서 직접 사는 것은 믿을 수 없다. 지역 매장에서 꼼꼼히 살펴보고 장을 보는 세심형이라면 살고 있는 지역에서 가까운 곳에 친환경 매장이 있는지 살펴본다.

- 한국생협연대, 한살림, 두레생협, 정농생협, 여성민우회생협, ECO생협
- 무공이네, 초록마을, 올가, 미생채, 한마음유기농쇼핑몰, 유기농 녹색가게 신시, 유기농 스토리, 온라인 유기농도매센터, 총각네 야채가게

싱글에게 딱 좋은 매장은?

싱글은 적은 양을 파는 곳이 딱 좋다. 한번 장을 보면 냉장고에 넣어 오래 두고 먹는 이에게 소량 포장으로 판매하는 친환경 매장을 추천한다.

무공이네 www.mugonhae.com / 힐그린 www.haelgreen.com
농군마을 www.canaanmall.com / 이팜 www.efarm.co.kr
미생채 www.misaengchae.com / 올가 www.orga.co.kr

아이가 있는 집이라면?

아이가 있는 곳은 더더욱 먹을거리, 입을거리, 생활용품에 신경 쓰게 마련이다. 먹을거리뿐만 아니라 아이에게 필요한 각종 분유, 이유식, 기저귀, 유아화장품, 장난감 등 친환경물품을 판매하는 곳을 소개한다.

유기스토어 www.62store.com / 신시 www.shinsi.com
해가온 www.hegaon.com / 힐그린 www.healgreen.com
미생채 www.misaengchae.com

구입하는 것으로만 만족 못해!

생태환경운동에 관심이 있고 소비자와 생산자의 건강한 관계를 꿈꾸는 분들에게 생활협동조합을 추천한다. 조합원 신분으로 생산과 유통 과정에 함께 참여할 수 있으며 소비자인 조합원이 농산물의 품질을 인증하는 '자주인증제도'를 시행하는 곳도 있다. 보통 조합원들에게 다양한 교육과 활동을 제공한다.

두레생협 www.dure.coop / 한살림 www.hansalim.or.kr
아이쿱생협연대 www.icoop.or.kr
여성민우회생협 www.minwoocoop.or.kr

산지체험에 가고픈 활동형

생산지 탐방과 주말농장, 논농사 체험 같은 생산 과정에 함께하거나 정월대보름, 단오, 가을걷이 등 절기별 축제를 하는 곳이다. 요리, 생태목공, 건강과 관련된 교육강좌와 지역회원 모임도 진행한다.

두레생협 www.dure.coop / 콩세알 www.kongseal.com
여성민우회생협 www.minwoocoop.or.kr
인드라망생협 www.budcoop.com / 신시 www.shinsi.com
무공이네 www.mugonhae.com / 올가 www.orga.co.kr
한마음공동체 www.yuginong.co.k
한살림 www.hansalim.or.kr

아토피 벗어던지고파~

대개 친환경 매장은 먹을거리가 중심이지만 매끈한 피부와 건강한 몸을 가꾸고 싶은 몸짱형을 위한 건강용품 및 생활용품이 많은 곳도 있다.

미생채 www.misaengchae.com
웰빙지기 www.wbzigi.co.kr / 신시 www.shinsi.com
여성민우회생협 www.minwoocoop.or.kr

몸에 좋은
천연 양념
파는 곳

가루나라

천연조미료를 비롯하여 곡물류, 과일류, 견과채소류, 천연팩, 천연비누에 이르기까지 가루로 만들 수 있는 모든 웰빙 가루를 판매한다. 정확한 원산지 표기를 원칙으로 4만 원 이상 주문시 배송비 무료다.

02-6084-2662 **www.garunara.co.kr**

더 연두

자연식품 전문 쇼핑몰이다. 양파, 새우, 표고버섯, 다시마, 생강, 홍합, 조개, 북어, 가쓰오부시 등 천연조미료뿐만 아니라 다이어트 보조식, 한약재, 한방차 및 분말제품, 선식, 향신료 등도 판매한다.

031-825-7747 **www.yundoo.co.kr**

생스

향신양념 전문업체로 요리에 깊은 맛을 더해주는 고추기름, 굴소스, 국간장 등의 제품을 판매한다. 각각의 양념들은 한식 가정요리 전문가인 심영순 선생이 우리 양념이 내는 다양한 맛의 조화를 현대적으로 재해석하여 만든 것이다

031-701-3377 **www.eromthanks.co.kr**

웰빙 스토리

웰빙제품 전문 쇼핑몰이다. 카레와 소스류, 허브, 천연조미료 등 천연 자연 식품을 판매한다. 건강과 자연, 허브 DIY, 요리레시피에 관한 유용한 자료들을 모아 놓았다. 수제 카레 전문점인 '자연의 속삭임'을 운영하고 있다.

031-941-8340 **www.delicin.net**

흙, 바다, 바람의 맛을 뿌린

천연조미 상차림

펴낸날	초판 1쇄 2009년 6월 10일
	초판 6쇄 2013년 6월 21일

지은이	김영빈
펴낸이	심만수
펴낸곳	(주)살림출판사
출판등록	1989년 11월 1일 제9-210호

주소	경기도 파주시 문발동 522-1
전화	031-955-1350 팩스 031-955-1355
홈페이지	http://www.sallimbooks.com
이메일	book@sallimbooks.com

ISBN   978-89-522-1142-2   13590